工科系学生のための
微積分学

吉野邦生 著

培風館

本書の無断複写は，著作権法上での例外を除き，禁じられています。
本書を複写される場合は，その都度当社の許諾を得てください。

はじめに

　本書では，大学理工学部における微分積分学について解説する．1変数関数の微分積分学は，高校では2年生，3年生で学習することになっている．本書は，前期14回，後期14回，1回90分の講義で大学における微分積分学の基礎が学べるようにしたものである．

　微分積分学の勉強の仕方は大きく分けて2つある．証明を重視する方法と計算方法を重視する方法である．もちろんともに重要である．しかし，工学部における数学の講義時間には時間制限がある．週2回の講義に演習をつけるというような(理学部数学科のような)贅沢な時間の使い方は許されない．したがっていくらがんばっても，すべての定理に完璧な証明をつけて，演習を納得いくまで行うなどというのは無理である．それではどういうふうにすればよいのであろうか？　という疑問が，本書を書くきっかけである．本書では，アイディアと計算を重視する方法をとる．いろいろな定理・公式の使い方を重視する．定理・公式の証明に時間を使い過ぎて，それらの使い方の解説をする時間がなくなり "あとは，自分達でやっておけ" といった経験をもつ教員は多いはずである．

　では，理学部数学科で行われる微分積分学との本質的な差はどこにあるのか？　じつは，背後にある要求が異なるのである．工学部における微分積分学の講義では，計算法，応用の方法，具体例，使い方が重要なのである．証明は後まわしでかまわないのである．極端なことをいえば，証明はなくてもよいのである．例えば理学部数学科の講義では，体積とは何か？　面積とは何か？　が問題になる．工学部では，その値を求めることが重要になる．ここに理学部と工学部の差があるのである．要するに工学部の微分積分学の講義では，計算法，数学の公式の使い方がまずマスターできればよいのである．外国語の会話をマスターするのと同じで，文法は後からついてくるのである．

　本来，大学に入学するまでに知っていなければならない数学的事実があるが，現在，いろいろなルートで大学に入ってくる．数IIIを勉強しなくとも大学の工学部に入れるのである．三角関数や対数関数の微分を知らない，x^2 の積分ができないなどさまざまである．このような状況であるので，本書では，高校の数学と同じレ

ベルの内容のことが登場し，また同じ事柄が繰り返し出てくることがある．これは著者の不注意によるものではない．現場での教育経験に基づくものである．大切なことは，何度でも繰り返し，何度でも授業で説明する．これにより効果が上がるのは著者の経験則である．例えば，ロピタルの定理などは典型的な例である．$\dfrac{d\tan^{-1}x}{dx}=\dfrac{1}{1+x^2}$ などは一度説明した程度ではだめである．講義の際に出席をとり，小テストを行い課題レポートをだし，次の講義の際にはそれらを返却し，解説をする．これは筆者の，アメリカの大学，上智大学，その他の大学での集中講義，非常勤講師として教えてきた講義の経験でもある．この方法の効果は大きい．

本書では入門的な最小限の話題を取り扱う．ただし，計算例は多くつけている．問題のレベルもやさしいものから難しいものまでいろいろである．第1章では1変数関数の微分積分について解説する．そのために，まず，大学の数学を理解するのに必要な数の集合の記号の説明をする．ついで高校数学の復習をはじめる．そのうえで，数列の収束の定義をし，極限値の求め方，そして微分と積分の基礎事項などを紹介する．（なお，解説にあたっては，微分と積分を分けることなく一度に行うようにしている．）1変数関数の微分積分だけでは自然現象の解析には不十分である．我々の住んでいる世界は，時間を入れて4次元である．そのため，変数の数が2以上のいわゆる多変数関数の微分積分学が必要となる．特に，偏微分，重積分は重要である．第2章ではこれについて解説する．経験上，線積分，グリーンの定理には簡単にふれた．これらの話題についての詳しい説明と応用についてはベクトル解析の講義と本に任せる．さらに，微分方程式，フーリエ級数等については紙数の制限の関係もありまったくふれない．これらのことについても他の専門書に譲ることにする．なお，定期試験前，大学院入試前に何を勉強すればよいか迷う学生のために，各章の最後に典型的な大学の試験等における問題をあげた．急ぐ学生はここから読み出してもよい．また，はじめのページから順番に読む必要もない．自分にとって必要な箇所から読めばよい．

数学がわからないとすぐに"自分は頭が悪い"と考えがちだが，そのような思考はやめたほうがよい．大学で習う程度の数学を理解するのには特別な才能は必要としない．地道な努力が必要なだけである．最後に，この本は魔法の杖ではない．試験の前日に本書を買って，一夜漬けで試験を突破しようなどと考えるのはやめたほうがよい．

2014年4月

著者しるす

目　　次

1. 1 変数関数の微積分 ... *1*

- **1.1 大学での数学の常識** 1
  - 1.1.1 集合の記号などの設定　1
  - 1.1.2 不 等 式　3
  - 1.1.3 積分の不等式　5
  - 1.1.4 階 乗 記 号　7
  - 1.1.5 乗 積 記 号　8
  - 1.1.6 対 数 関 数　9

- **1.2 数列と級数** 12
  - 1.2.1 数　　列　12
  - 1.2.2 数列と積分 (区分求積法)　18
  - 1.2.3 数列と方程式の解の近似理論 (ニュートン法)　19
  - 1.2.4 漸化式の解法　20
  - 1.2.5 級数の収束と発散　21
  - 1.2.6 級数の収束の判定法　22
  - 1.2.7 条件収束級数と絶対収束級数　24
  - 1.2.8 特殊な級数　24

- **1.3 微分係数と導関数 1** 26
  - 1.3.1 関数の極限　26
  - 1.3.2 微分係数と導関数の定義　28
  - 1.3.3 導関数の公式　29
  - 1.3.4 接線の式, 法線の式　31
  - 1.3.5 関数の近似式　34

- **1.4 微分係数と導関数 2** 36
  - 1.4.1 平均値の定理　36
  - 1.4.2 平均値の定理の拡張　38
  - 1.4.3 関数のグラフ　39
  - 1.4.4 不等式への応用　40

- **1.5 双曲線関数** 42
  - 1.5.1 双曲線関数の定義　42
  - 1.5.2 双曲線関数の基本公式　42
  - 1.5.3 双曲線関数の逆関数　44
  - 1.5.4 双曲線関数の種々の問題　45

- **1.6 逆三角関数** 47
  - 1.6.1 三角関数の復習　48

      1.6.2   逆三角関数の導関数の公式の証明　49
      1.6.3   逆三角関数の満たす恒等式　50
      1.6.4   逆三角関数のでてくる積分の例　51

1.7　合成関数の微分法 …………………………………… 55
      1.7.1   合成関数の定義　55
      1.7.2   合成関数の微分の公式　56
      1.7.3   合成関数の微分法と置換積分の関係　58
      1.7.4   合成関数の微分法と逆関数の微分法　59

1.8　ライプニッツの公式 …………………………………… 60
      1.8.1   高階導関数 (n 次導関数)　60
      1.8.2   ライプニッツの公式　61

1.9　テイラー級数 …………………………………………… 63
      1.9.1   テイラー級数　63
      1.9.2   オイラーの公式　65
      1.9.3   テイラー級数の具体的な計算　66
      1.9.4   マクローリン級数の漸化式への応用　68
      1.9.5   テイラー級数の数値計算への応用　70
      1.9.6 $\tan x$ のテイラー級数　70
      1.9.7   テイラー級数の収束　71
      1.9.8   テイラー級数と積分　73
      1.9.9   テイラー級数の応用　74

1.10　ロピタルの定理 ………………………………………… 75
      1.10.1   コーシーの平均値の定理　75
      1.10.2   ロピタルの定理の使用例　76

1.11　リーマン積分 …………………………………………… 79
      1.11.1   不定積分　79
      1.11.2   定積分　81
      1.11.3   部分積分の公式　83
      1.11.4   置換積分の公式　88
      1.11.5   特殊な置換積分の公式　93
      1.11.6   区分求積法の応用　97

1.12　定積分の応用 …………………………………………… 98
      1.12.1   面積の計算　98
      1.12.2   体積の計算　101

1.13　曲線の長さ ……………………………………………… 103

1.14　広義積分 ………………………………………………… 108
      1.14.1   広義積分の計算例　109
      1.14.2   ガンマ関数 $\Gamma(x)$ とベータ関数 $B(p,q)$　111

1.15　演習問題 A ……………………………………………… 114
      1.15.1   前期試験を突破するするための確認試験 I　114
      1.15.2   前期試験を突破するするための確認試験 II　114
      1.15.3   大学院入試を突破するするための確認試験　115

目次　　　　　　　　　　　　　　　　　　　　　　　　　　　　　v

2. 多変数関数の微積分　　　　　　　　　　　　　　　　　　　117

2.1 多変数関数の微分積分の概観　　　　　　　　　　　　　117
- 2.1.1 多変数関数のグラフ　118
- 2.1.2 多変数関数と1変数関数との関係　119

2.2 多変数関数の極限と偏微分　　　　　　　　　　　　　121
- 2.2.1 多変数関数の極限の問題　121
- 2.2.2 偏微分の定義　121
- 2.2.3 偏微分の計算例　122

2.3 高階の偏微分　　　　　　　　　　　　　　　　　　　124
- 2.3.1 高階の偏微分　124
- 2.3.2 ラプラス演算子　125
- 2.3.3 多変数関数による物理現象の記述例　125

2.4 3次元空間における平面，直線，ベクトル　　　　　　128
- 2.4.1 平面と直線の式　128
- 2.4.2 ベクトルの内積と外積　128
- 2.4.3 接平面の式，法線ベクトル，法線　130

2.5 合成関数の偏微分　　　　　　　　　　　　　　　　　132
- 2.5.1 合成関数の偏微分の公式　132
- 2.5.2 合成関数の偏微分の公式の応用 (平均値の定理)　133
- 2.5.3 合成関数の偏微分の公式の応用 (法線ベクトル)　134

2.6 多変数関数の極値問題　　　　　　　　　　　　　　　135
- 2.6.1 多変数関数の極値問題 I　135
- 2.6.2 多変数関数の極値問題 II (ラグランジュの未定乗数法)　136

2.7 重積分の定義と性質　　　　　　　　　　　　　　　　140

2.8 2つの関数で囲まれた領域上の重積分　　　　　　　　142

2.9 一般領域上の重積分　　　　　　　　　　　　　　　　146
- 2.9.1 極座標変換　146
- 2.9.2 極座標変換の公式の使用法　147

2.10 変数変換の公式　　　　　　　　　　　　　　　　　150
- 2.10.1 関数行列式と重積分の変数変換の公式　150
- 2.10.2 重心の計算　151

2.11 特別な形の重積分　　　　　　　　　　　　　　　　153
- 2.11.1 ガウス関数の積分　153
- 2.11.2 ベータ関数とガンマ関数の関係　153
- 2.11.3 線積分　155

2.12 演習問題 B　　　　　　　　　　　　　　　　　　　158
- 2.12.1 後期試験を突破するための確認試験 I　158
- 2.12.2 後期試験を突破するための確認試験 II　158
- 2.12.3 大学院入試を突破するための確認試験　159

練習問題の略解およびヒント　　　　　　　　　　　　　　161

索引　　　　　　　　　　　　　　　　　　　　　　　　　177

ギリシア文字表

大文字	小文字	英語名	
A	α	alpha	アルファ
B	β	beta	ベータ
Γ	γ	gamma	ガンマ
Δ	δ	delta	デルタ
E	ε, ϵ	epsilon	イ (エ) プシロン
Z	ζ	zeta	ゼータ (ツェータ)
H	η	eta	イータ
Θ	θ, ϑ	theta	シータ
I	ι	iota	イオタ
K	κ	kappa	カッパ
Λ	λ	lambda	ラムダ
M	μ	mu	ミュー
N	ν	nu	ニュー
Ξ	ξ	xi	グザイ (クシー)
O	o	omicron	オミクロン
Π	π, ϖ	pi	パイ
P	ρ, ϱ	rho	ロー
Σ	σ, ς	sigma	シグマ
T	τ	tau	タウ
Υ	υ	upsilon	ウプシロン
Φ	ϕ, φ	phi	ファイ
X	χ	chi	カイ
Ψ	ϕ, ψ	psi	プサイ
Ω	ω	omega	オメガ

1

1 変数関数の微積分

1 変数関数の微分積分は，基本的には高校で学習したことの延長線上にある．微分方程式論，フーリエ変換，場の量子論，理論物理，画像処理，音声信号処理などいろいろな分野で応用されている数学を理解する際の基礎となる．

1.1 大学での数学の常識

ここでは，大学での数学 (現代数学) を学ぶ際に必要な最低限の常識について解説する．

1.1.1 集合の記号などの設定

$\mathbb{N}$ で**自然数** (natural number) の集合 (自然数の集まり) を表す：$\mathbb{N} = \{1, 2, 3, \cdots\}$．ただし，0 を自然数に含める人もいる．

$\mathbb{Z}$ で**整数** (integer) の集合 (整数の集まり) を表す：$\mathbb{Z} = \{0, \pm 1, \pm 2, \pm 3, \cdots\}$．

$\mathbb{Q}$ で**有理数** (rational number) の集合 (有理数の集まり) を表す：$\mathbb{Q} = \left\{\dfrac{n}{m} : m, n \in \mathbb{Z}, m \neq 0\right\}$．有理数とは，普通の言葉でいえば分数のことである．整数の比 (ratio) で書けている数のことである．有理数でない数を**無理数** (irrational number) とよぶ．

$\mathbb{R}$ で**実数** (real number) の集合 (実数の集まり) を表す．

$\mathbb{C}$ で**複素数** (complex number) の集合 (複素数の集まり) を表す．

なお，与えられた実数が有理数であるか無理数であるかを判定する一般的方法は存在しない．

a が集合 A の**要素**であることを $a \in A$ と表す．(a が A に属すことを $a \in A$ と表すといってもよい．)

b が集合 A の要素でないことを $b \notin A$ と表す.

例えば, 2 は整数なので $2 \in \mathbb{Z}$ と表す. $\frac{2}{3}$ は有理数なので $\frac{2}{3} \in \mathbb{Q}$ と表す. $\sqrt{2}$ は有理数でないので $\sqrt{2} \notin \mathbb{Q}$ と表す.

集合 A が集合 B の**部分集合**であることを $A \subset B$ と表す.

数の集合の間には, 次の包含関係がある[1]: $\mathbb{N} \subset \mathbb{Z} \subset \mathbb{Q} \subset \mathbb{R} \subset \mathbb{C}$.

閉区間と開区間

$[a,b] = \{x \in \mathbb{R} : a \leqq x \leqq b\}$ を**閉区間**とよぶ. $(a,b) = \{x \in \mathbb{R} : a < x < b\}$ を**開区間**とよぶ.

$[a,\infty) = \{x \in \mathbb{R} : a \leqq x\}$, $(-\infty,b) = \{x \in \mathbb{R} : x < b\}$ などの半無限区間も使用される.

最大値を表す記号 Max と最小値を表す記号 Min

大学の数学の講義では, 考えている集合の最大値を Max, 最小値を Min と表すことが多い. 使用例: $\mathrm{Max}\{3, 2, 58, 34\} = 58$, $\mathrm{Min}\{3, 2, 58, 34\} = 2$.

□ 例題 1.1.1 $\sqrt{2}$ は有理数でないことを示せ.

証明 $\sqrt{2}$ が有理数であると仮定する. $\sqrt{2} = \frac{n}{m}$ $(m, n \in \mathbb{N})$ とおく. m, n は, 互いに素とする. つまり, 共通の約数をもたないとする.

$\sqrt{2} = \frac{n}{m}$ の両辺を 2 乗すると $2 = \frac{n^2}{m^2}$. したがって $2m^2 = n^2$. これから n は 2 の倍数であることがわかる. $n = 2p$ とおき, $2m^2 = n^2$ に代入すると $m^2 = 2p^2$. これから m が 2 の倍数であることがわかる.

以上から, m, n はともに 2 を約数にもつことがわかった. このことは, m, n が互いに素であることに反する. ゆえに $\sqrt{2}$ は無理数である[2]. ∎

● **練習問題 1.1.1** $\sqrt{3}$ は有理数でないことを示せ.

---

1) $\mathbb{Z}$ はドイツ語の Zahlen (数) からきている. また, $\mathbb{Q}$ は商体 (Qoutient field) という現代数学の概念に由来している.

2) $\sqrt{2}$ が無理数であることはわかった. それがどうした! だからなんだ? と思う学生がいるかもしれないので一言. B(シ) と F(ファ) の振動数の比は $\sqrt{2}$ である. 一般に, 振動数の比が有理数であると安定した響きになる. 逆に, 無理数の場合には不安定な和音 (響き) になる. このため, B と F を同時に鳴らすと非常に不安定な和音 (響き) になる. したがって落ち着いた響きに進行したくなる. ポピュラー音楽で使われるコード進行 $G_7 \longrightarrow C, D_\flat 7 \longrightarrow C$ はこの事実に基づいている.

1.1 大学での数学の常識

> ❏ **例題 1.1.2** $x > 0$, $y > 0$ とする. 次を示せ.
> $$\lim_{p \to \infty} (x^p + y^p)^{\frac{1}{p}} = \text{Max}\{x, y\}$$

【解】 $x > y > 0$ と仮定する.
$$\lim_{p \to \infty} (x^p + y^p)^{\frac{1}{p}} = x \lim_{p \to \infty} \left(1 + \left(\frac{y}{x}\right)^p\right)^{\frac{1}{p}} = x \qquad \blacksquare$$

● **練習問題 1.1.2** $x > 0$, $y > 0$, $z > 0$ とする. 次を示せ.
$$\lim_{p \to \infty} (x^p + y^p + z^p)^{\frac{1}{p}} = \text{Max}\{x, y, z\}$$

1.1.2 不 等 式

次の不等式は知っていると何かと便利である.

> ─── **三角不等式** ───
> $$|a| - |b| \leqq |a + b| \leqq |a| + |b|$$

三角不等式は,複素関数論を用いて実積分を計算するときに非常に役に立つ[3].

● **練習問題 1.1.3** 不等式 $\left|\sum_{n=1}^{N} a_n\right| \leqq \sum_{n=1}^{N} |a_n|$ を示せ.

> ─── **相加平均と相乗平均** ───
> $$\frac{a + b}{2} \geqq \sqrt{ab} \quad (a \geqq 0, b \geqq 0)$$
> 等号が成立するのは,$a = b$ のときである.

証明 $a + b - 2\sqrt{ab} = (\sqrt{a} - \sqrt{b})^2 \geqq 0$. $\qquad \blacksquare$

注意: $\frac{a + b}{2}$, $\sqrt{ab}$ を二数 a, b の相加平均,相乗平均とよぶ.

● **練習問題 1.1.4** 周の長さが 8 である長方形のうちで面積が最大となるのはどのような長方形か?

---

[3] 理工学部の学生には,大学を卒業するまでに是非とも複素関数論を履修してもらいたい.

□ **例題 1.1.3** (1) $x > 0$ のとき，$x + \dfrac{1}{x}$ の最小値を求めよ．

(2) $x < 0$ のとき，$x + \dfrac{1}{x}$ の最大値を求めよ．

【解】 ヒント：相加平均と相乗平均の不等式を用いる．

(1) 相加平均と相乗平均の不等式により，
$$x + \frac{1}{x} \geqq 2\sqrt{x \cdot \frac{1}{x}} = 2.$$
したがって，$x = 1$ のとき最小値 2 をとる．

(2) (1)の結果により，$x = -1$ のとき最大値 -2 をとる． ■

注意： $f(x) = x + \dfrac{1}{x}$ とおき，微分法を利用して関数 $f(x)$ の最大値，最小値を求めてもよい．

シュワルツの不等式

(1) $|ax + by| \leqq \sqrt{a^2 + b^2}\sqrt{x^2 + y^2}$

(2) $|ax + by + cz| \leqq \sqrt{a^2 + b^2 + c^2}\sqrt{x^2 + y^2 + z^2}$

(3) $\left|\displaystyle\sum_{k=1}^{n} a_k x_k\right| \leqq \sqrt{\displaystyle\sum_{k=1}^{n} a_k{}^2}\sqrt{\displaystyle\sum_{k=1}^{n} x_k{}^2}$

証明 (1) $\vec{a} = (a, b)$, $\vec{b} = (x, y)$ とおく．$\vec{a}$ と $\vec{b}$ のなす角を θ とする．ベクトルの内積[4]を考えると
$$|\vec{a} \cdot \vec{b}| \leqq |\vec{a}|\,|\vec{b}|\,|\cos\theta| \leqq |\vec{a}|\,|\vec{b}|.$$
成分を使って書くと
$$|ax + by| \leqq \sqrt{a^2 + b^2}\sqrt{x^2 + y^2}.$$

(2) (1)とまったく同じにしてできる．

(3) $\displaystyle\sum_{k=1}^{n}(ta_k - x_k)^2 \geqq 0$ より
$$\left(\sum_{k=1}^{n} a_k{}^2\right)t^2 - 2\left(\sum_{k=1}^{n} a_k x_k\right)t + \sum_{k=1}^{n} x_k{}^2 \geqq 0.$$
この t の 2 次式の判別式を考えて $\left|\displaystyle\sum_{k=1}^{n} a_k x_k\right| \leqq \sqrt{\displaystyle\sum_{k=1}^{n} a_k{}^2}\sqrt{\displaystyle\sum_{k=1}^{n} x_k{}^2}$ を得る． ■

---

[4] ベクトルの内積については 2.4.2 項を参照．

> **□ 例題 1.1.4** $x^2 + y^2 + z^2 = 1$ のとき, $x + y + z$ の最大値, 最小値を求めよ.

【解】 シュワルツの不等式により,
$$|x+y+z| = |1 \cdot x + 1 \cdot y + 1 \cdot z| \leqq \sqrt{1^2+1^2+1^2}\sqrt{x^2+y^2+z^2} = \sqrt{3}.$$
したがって, $x = y = z = \dfrac{1}{\sqrt{3}}$ のとき最大値 $\sqrt{3}$, $x = y = z = -\dfrac{1}{\sqrt{3}}$ のとき最小値 $-\sqrt{3}$ をとる. ■

● **練習問題 1.1.5** $x^2 + y^2 + z^2 = 1$ のとき, $2x + 3y + 4z$ の最大値, 最小値を求めよ.

● **練習問題 1.1.6** $x + y + z = 1$ のとき $x^2 + y^2 + z^2$ の最小値を求めよ.

● **練習問題 1.1.7** シュワルツの不等式を用いて,
(1) 原点から直線 $ax + by = c$
(2) 原点から平面 $ax + by + cz = d$
への距離を求めよ.

● **練習問題 1.1.8** シュワルツの不等式を用いて,
(1) 点 (x_0, y_0) から直線 $ax + by = c$
(2) 点 (x_0, y_0, z_0) から平面 $ax + by + cz = d$
への距離を求めよ.

● **練習問題 1.1.9 (ヤングの不等式)** $p > 0$, $q > 0$, $\dfrac{1}{p} + \dfrac{1}{q} = 1$ とする. 次の不等式が成立することを示せ: $xy \leqq \dfrac{1}{p}x^p + \dfrac{1}{q}y^q$ ($x \geqq 0$, $y \geqq 0$).

1.1.3 積分の不等式

積分の不等式は高校ではあまり使われないが, 大学の講義ではわりと使われる.

> **―― 積分の不等式 I ――**
> $$\left|\int_a^b f(x)\,dx\right| \leqq \int_a^b |f(x)|\,dx$$

証明は, リーマン積分の定義 (区分求積法) と三角不等式による.

次の積分の不等式は, 将来使う機会があるかもしれない.

積分の不等式 II

(1) シュワルツの不等式
$$\left|\int_a^b f(x)g(x)\,dx\right| \leqq \left\{\int_a^b |f(x)|^2\,dx\right\}^{\frac{1}{2}} \left\{\int_a^b |g(x)|^2\,dx\right\}^{\frac{1}{2}}$$

(2) ヘルダーの不等式: $p > 1,\ q > 0,\ \dfrac{1}{p} + \dfrac{1}{q} = 1$ とする.
$$\left|\int_a^b f(x)g(x)\,dx\right| \leqq \left\{\int_a^b |f(x)|^p\,dx\right\}^{\frac{1}{p}} \left\{\int_a^b |g(x)|^q\,dx\right\}^{\frac{1}{q}}$$

注意: $p = 2,\ q = 2$ とすると,ヘルダーの不等式はシュワルツの不等式になる.つまり,ヘルダーの不等式は,シュワルツの不等式の拡張である.

証明 (1) $f(x)$ も $g(x)$ もともに実数値関数と仮定する.すべての実数 t に対し
$$\int_a^b (tf(x) - g(x))^2\,dx \geqq 0.$$
$$t^2 \int_a^b f(x)^2\,dx - 2t \int_a^b f(x)g(x)\,dx + \int_a^b g(x)^2\,dx \geqq 0$$

したがって,この t の 2 次式の判別式 D を考えると $D \leqq 0$ が成り立つ.
$$\left|\int_a^b f(x)g(x)\,dx\right| \leqq \left\{\int_a^b |f(x)|^2\,dx\right\}^{\frac{1}{2}} \left\{\int_a^b |g(x)|^2\,dx\right\}^{\frac{1}{2}}$$

(2) 省略. ∎

積分の三角不等式

(1) $\left|\displaystyle\int_a^b \{f(x) + g(x)\}\,dx\right| \leqq \displaystyle\int_a^b |f(x)|\,dx + \displaystyle\int_a^b |g(x)|\,dx$

(2) ミンコフスキーの不等式: $p \geqq 1$ とする.
$$\left\{\int_a^b |f(x) + g(x)|^p\,dx\right\}^{\frac{1}{p}} \leqq \left\{\int_a^b |f(x)|^p\,dx\right\}^{\frac{1}{p}} + \left\{\int_a^b |g(x)|^p\,dx\right\}^{\frac{1}{p}}$$

証明 (1) $\left|\displaystyle\int_a^b \{f(x) + g(x)\}\,dx\right| \leqq \displaystyle\int_a^b |f(x) + g(x)|\,dx$
$$\leqq \int_a^b |f(x)|\,dx + \int_a^b |g(x)|\,dx$$

(2) 省略. ∎

1.1.4 階乗記号

階乗記号 "!" およびそれに関連する事柄について解説する.
$$n! = 1 \times 2 \times \cdots \times n, \qquad 0! = 1$$
と決める. 高校で学習したように, 次が知られている[5].

--- 順列・組合せの数 ---

(1) $\quad {}_n\mathrm{C}_k = \dfrac{n!}{k!(n-k)!}$ (2) $\quad {}_n\mathrm{P}_k = \dfrac{n!}{(n-k)!}$

${}_n\mathrm{C}_k$, ${}_n\mathrm{P}_k$ は, それぞれ n 個の中から k 個選んでできる組合せの総数, 順列の総数を表す.

--- 二項定理 ---

$$(a+b)^n = \sum_{k=0}^{n} {}_n\mathrm{C}_k a^k b^{n-k}$$

□ **例題 1.1.5** 次の式の値を求めよ.

(1) $\displaystyle\sum_{k=0}^{n} {}_n\mathrm{C}_k$ (2) $\displaystyle\sum_{k=0}^{n} {}_n\mathrm{C}_k (-1)^k$

【解】 (1) 2^n. 二項定理 $(a+b)^n = \displaystyle\sum_{k=0}^{n} {}_n\mathrm{C}_k a^k b^{n-k}$ において $a=b=1$ とおく.

(2) 0. 二項定理において $a=1$, $b=-1$ とおく. ∎

● **練習問題 1.1.10** 次の不等式を示せ.
$$(a+b)^p \leqq 2^{p-1}(a^p + b^p) \quad (a \geqq 0,\ b \geqq 0)$$

□ **例題 1.1.6** n の要素からなる集合の部分集合の総数を求めよ.

【解】 2^n である. 2 つの考え方がある.

(考え方 1). 各要素が選ばれるか選ばれないかであるので, 2^n.

[5) オイラー (L. Euler: 1702–1783) は階乗の概念を複素数にまで拡張した. オイラー・ガンマ関数 $\Gamma(x)$ である. ガンマ関数 $\Gamma(x)$ については後 (1.14.2 項参照) で説明する.

(考え方 2). 要素の数が k の部分集合の数は ${}_n\mathrm{C}_k$ である．したがって，部分集合の総数は $\sum_{k=0}^{n} {}_n\mathrm{C}_k = 2^n$ である． ∎

1.1.5 乗積記号

N 個の数 a_n $(n=1,2,\cdots,N)$ の $n=1$ の積 $a_1 a_2 \cdots a_N$ を $\prod_{n=1}^{N} a_n$ と表す．いい換えると
$$\prod_{n=1}^{N} a_n = a_1 a_2 \cdots a_N$$
である．例えば，階乗記号は $N! = 1 \cdot 2 \cdot \cdots \cdot N = \prod_{n=1}^{N} n$ となる．別の例をあげよう．1 の 3 乗根の一つ $\dfrac{-1+\sqrt{3}i}{2}$ を ω とおく．$\omega^3 = 1$, $\omega^2 + \omega + 1 = 0$ である．このとき，
$$x^3 - 1 = (x-1)(x-\omega)(x-\omega^2) = \prod_{k=1}^{3} (x - \omega^{k-1})$$
と因数分解される．

さらに，$a_n > 0$ $(1 \leqq n \leqq N)$ のとき，
$$\log \prod_{n=1}^{N} a_n = \sum_{n=1}^{N} \log a_n$$
が成り立つ．

◻ **例題 1.1.7** $1 - \dfrac{1}{2^2} = \dfrac{3}{4}$, $\left(1 - \dfrac{1}{2^2}\right)\left(1 - \dfrac{1}{3^2}\right) = \dfrac{4}{6}$,
$$\left(1 - \frac{1}{2^2}\right)\left(1 - \frac{1}{3^2}\right)\left(1 - \frac{1}{4^2}\right) = \frac{5}{8}$$
をヒントにして，

(1) $\displaystyle\prod_{k=2}^{n}\left(1 - \frac{1}{k^2}\right)$ の値を求めよ．

(2) $\displaystyle\lim_{n \to \infty} \prod_{k=2}^{n}\left(1 - \frac{1}{k^2}\right)$ の値を求めよ[6]．

---

[6] ちなみに，$\dfrac{\sin \pi x}{\pi x} = \displaystyle\lim_{n \to \infty} \prod_{k=1}^{n}\left(1 - \dfrac{x^2}{k^2}\right)$ が知られている．オイラーは，この式とテイラー展開 $\dfrac{\sin \pi x}{\pi x} = \displaystyle\sum_{n=0}^{\infty} \dfrac{(-1)^n (\pi x)^{2n}}{(2n+1)!}$ を利用して $\displaystyle\sum_{n=1}^{\infty} \dfrac{1}{n^2} = \dfrac{\pi^2}{6}$ を得た．

【解】 (1) $\dfrac{n+1}{2n}$　(2) $\dfrac{1}{2}$

次の問題はやや難しいかもしれない.

□ **例題 1.1.8** 単位円に内接する正 n 角形の頂点を $A_1, A_2, \cdots, A_n$ とする. $\prod_{k=2}^{n} \overline{A_1 A_k}$ の値を求めよ.

【解】 n である. $n=3$, $n=4$ の場合に計算してみると納得できる.

1.1.6　対数関数

高校, 中学で, 2次関数 x^2-2x+3, 無理関数 $\sqrt{x^2-3}$, 三角関数 $\sin x, \cos x, \tan x$, 指数関数 $e^x, 2^x$ など, いろいろな関数について学習しているが, ここで大学生が特に間違えやすい対数関数について解説しておく.

その他の関数については, 適宜, 高校の教科書などを復習しておいてもらいたい.

── 対数関数の定義 ──
対数関数 $y = \log_a x$ $(x > 0, a \neq 1)$ の定義を述べよ.

【解】 $x = a^y$ であるとき $y = \log_a x$ と表す. x を**真数**, a を**底**とよぶ. $a^0 = 1$ なので $\log_a 1 = 0$ である.

定義からわかるように, 対数関数は指数関数の逆関数である.

$e = \lim_{n \to \infty} \left(1 + \dfrac{1}{n}\right)^n$ を**自然対数の底**とよぶ. e の値は大体 2.718 である. これについてはテイラー級数 (1.9節) のところで説明する.

工学で使われる対数関数は主に次の3種類である.

── 工学で使われる対数関数 ──
(1) $\log_e x$：自然対数　(2) $\log_{10} x$：常用対数　(3) $\log_2 x$

注意： 日本では, 自然対数 $\log_e x$ を $\log x$ と表す習慣があり, 外国では, 自然対数 $\log_e x$ を $\ln x$ と表す習慣がある. $\log_2 x$ は情報理論でよく使用される.

また, 指数関数 $y = e^x$ を $y = \exp x$ と書くこともある.

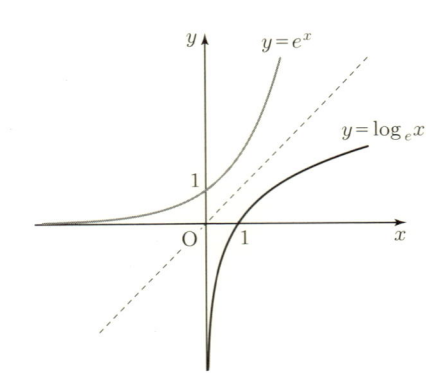

図 1.1　対数関数 $\log_e x$ と指数関数 $y = e^x$ のグラフ

対数関数の性質

(1)　$\log_a(xy) = \log_a x + \log_a y$

(2)　$\log_a\left(\dfrac{y}{x}\right) = \log_a y - \log_a x$

(3)　$\log_a b = \dfrac{\log_c b}{\log_c a}$

●練習問題 1.1.11　次の計算をせよ．

(1)　$\log_{10} 2 + \log_{10} 5$　　(2)　$\log_2 20 - \log_2 10$

(3)　$\log_2 \sin\dfrac{\pi}{4}$　　(4)　$\log_3 \sin\dfrac{\pi}{6} + \log_3 \cos\dfrac{\pi}{6} + \log_3 4$

●練習問題 1.1.12　次の微分を計算せよ．

(1)　$\dfrac{d}{dx}\log x$　　(2)　$\dfrac{d}{dx}\log_{10} x$　　(3)　$\dfrac{d}{dx}\log_2 x$　　(4)　$\dfrac{d}{dx}\log_a x$

●練習問題 1.1.13　次の不定積分を計算せよ．

(1)　$\displaystyle\int \log x\,dx$　　(2)　$\displaystyle\int \log_{10} x\,dx$　　(3)　$\displaystyle\int \log_2 x\,dx$　　(4)　$\displaystyle\int \log_a x\,dx$

●練習問題 1.1.14　次の計算はどこが間違っているか？

(1)　$\log(e^x + e^{-x}) = \log e^x + \log e^{-x} = x + (-x) = 0$

(2)　$\log 2 = \log(1+1) = \log 1 + \log 1 = 0 + 0 = 0$

●練習問題 1.1.15　次の計算はどこが間違っているか？

$e^x - e^{-x} = 2$ の両辺の対数を考えて $\log(e^x - e^{-x}) = \log 2$．左辺を変形すると
$$\log(e^x - e^{-x}) = \log e^x - \log e^{-x} = x - (-x) = 2x$$
となる．したがって，方程式 $e^x - e^{-x} = 2$ の答えは $x = \dfrac{\log 2}{2}$ である．

1.1 大学での数学の常識

● **練習問題 1.1.16** 次の計算はどこが間違っているか？

$\log 1 = 0$ である．次に，$\log n = 0$ と仮定すると，$n+1$ のとき

$$\log(n+1) = \log n + \log 1 = 0 + 0 = 0$$

となる．したがって数学的帰納法により，すべての自然数 n に対して $\log n = 0$ である．

例題 1.1.9 $\log(x+y) = \log x + \log y$ が成立するための条件を求めよ．

【解】 $x + y = xy$, $x > 0$, $y > 0$. ∎

この例題からわかるように，一般に $\log(x+y) = \log x + \log y$ は成り立たないことに注意しよう．

1.2 数列と級数

1.2.1 数　　列

数列とは何か？　素朴な答えは，要するに数字の列，数の列である．だから数列である．現代数学的な答えは，自然数 (整数) 上で定義された関数のことである[7]．

数列の収束の定義からはじめよう．

数列の収束の定義

数列 a_n が $n \to \infty$ のときに a に近づくとき

$$\lim_{n \to \infty} a_n = a$$

と表す．いい換えると，a_n と a の間の距離 $|a_n - a|$ が $n \to \infty$ にともなってゼロに近づいていくことである．数式で表すと

$$\lim_{n \to \infty} |a_n - a| = 0$$

が成立することである．

数列の収束の厳密な定義は，専門書に譲る．この本では，直観的な定義を採用する．いわゆる ε–δ (イプシロン–デルタ) 論法は使わない．

収束を保証するための条件として，次の**コーシー判定法**がある．

$$\lim_{n,m \to \infty} |a_n - a_m| = 0$$

この条件を満たす数列は**コーシー列**とよばれる．収束する数列は，**収束数列**とよばれる．

数列の収束判定法[8]

数列が収束数列であるための必要十分条件は，数列がコーシー列であることである．

□ **例題 1.2.1**　収束数列はコーシー列であることを示せ．

【解】　$\lim_{n \to \infty} a_n = a$ と仮定する．

---

[7]　数列は，自然数という離散的な集合上の関数であるのでディジタル関数である．このため，数列はディジタル信号処理で不可欠な概念である．

[8]　この事実は，数学科の学生には必要であるが，工学部の学生にはとりあえず必要のないことである．

1.2 数列と級数

$$|a_n - a_m| = |(a_n - a) - (a_m - a)| \leqq |a_n - a| + |a_m - a|$$

である．a_n は a に収束しているので $\lim_{n \to \infty} |a_n - a| = 0$, $\lim_{m \to \infty} |a_m - a| = 0$ である．したがって $\lim_{n,m \to \infty} |a_n - a_m| = 0$. ∎

数列の収束に関する基本的事実 I

$\lim_{n \to \infty} a_n = a$, $\lim_{n \to \infty} b_n = b$ とする．次が成り立つ．（ただし c は定数）

(1) $\lim_{n \to \infty} c a_n = ca$,

(2) $\lim_{n \to \infty} (a_n + b_n) = a + b$,

(3) $\lim_{n \to \infty} (a_n - b_n) = a - b$,

(4) $\lim_{n \to \infty} a_n b_n = ab$,

$b \neq 0$ であるとき

(5) $\lim_{n \to \infty} \dfrac{a_n}{b_n} = \dfrac{a}{b}$.

基本的事実 II

$a_n \leqq b_n \leqq c_n$ とする．もし $\lim_{n \to \infty} a_n = a$ かつ $\lim_{n \to \infty} c_n = a$ であるとき

$$\lim_{n \to \infty} b_n = a.$$

これは，**はさみうちの原理**とよばれ，非常に役に立つ．

例えば，$n \sin \dfrac{1}{n}$ の極限値を求めてみよう．$\cos \dfrac{1}{n} \leqq n \sin \dfrac{1}{n} \leqq 1$ より

$$1 = \lim_{n \to \infty} \cos \dfrac{1}{n} \leqq \lim_{n \to \infty} n \sin \dfrac{1}{n} \leqq 1.$$

したがって，$\lim_{n \to \infty} n \sin \dfrac{1}{n} = 1$ であることがわかる．

さらに，$\sqrt{\dfrac{1}{n}} e^{-\frac{x^2}{n}}$ の極限値を求めてみよう．$0 \leqq \sqrt{\dfrac{1}{n}} e^{-\frac{x^2}{n}} \leqq \dfrac{1}{\sqrt{n}}$ であるから，

$$0 \leqq \lim_{n \to 0} \sqrt{\dfrac{1}{n}} e^{-\frac{x^2}{n}} \leqq \lim_{n \to 0} \dfrac{1}{\sqrt{n}} = 0$$

がわかる．したがって，$\lim_{n \to 0} \sqrt{\dfrac{1}{n}} e^{-\frac{x^2}{n}} = 0$ である．

● **練習問題 1.2.1** 数列 $a_n = (-1)^n$ $(n = 1, 2, 3, \cdots)$ は収束しないことを示せ．

ここで，いくつかの有名な数列の極限値を紹介する．

自然対数の底 e の復習からはじめよう．

基本的事実 III

(1) $\displaystyle\lim_{h \to 0}(1+h)^{\frac{1}{h}} = e$

(2) $\displaystyle\lim_{n \to \infty}\left(1+\frac{1}{n}\right)^n = e$

これは大変有名な事実であり，高校の数 III の教科書にもでている．ここで e は，**自然対数の底**とよばれている数で近似値は 2.718 である．この近似値の計算法については，テイラー級数の節で紹介する (1.9 節)．

この基本的事実 III を使って，
$$\lim_{x \to \infty}\left(1+\frac{1}{x}\right)^x = e, \qquad \frac{de^x}{dx} = e^x, \qquad \frac{d\log x}{dx} = \frac{1}{x}$$
が示される．

次も，この基本的事実 III の変形版である．

□ 例題 1.2.2 次を示せ．

(1) $\displaystyle\lim_{h \to 0}\frac{1}{h}\log(1+h) = 1$ (2) $\displaystyle\lim_{h \to 0}\frac{\log(x+h)-\log x}{h} = \frac{1}{x}$

【解】 (1) $\displaystyle\lim_{h \to 0}\frac{1}{h}\log(1+h) = \lim_{h \to 0}\log(1+h)^{\frac{1}{h}} = 1.$

(2) $t = \dfrac{h}{x}$ とおくと，$h \to 0$ のとき $t \to 0$ であるので，
$$\lim_{h \to 0}\frac{\log(x+h)-\log x}{h} = \lim_{h \to 0}\frac{1}{h}\log\left(1+\frac{h}{x}\right) = \lim_{t \to 0}\frac{1}{xt}\log(1+t)$$
$$= \frac{1}{x}\lim_{t \to 0}\frac{1}{t}\log(1+t) = \frac{1}{x}. \blacksquare$$

● **練習問題 1.2.2** 次を示せ．

(1) $\displaystyle\lim_{h \to 0}\frac{e^h-1}{h} = 1$ (2) $\displaystyle\lim_{h \to 0}\frac{e^{x+h}-e^x}{x} = e^x$

基本的事実 IV (三角関数の極限値)

(1) $\displaystyle\lim_{x \to 0}\frac{\sin x}{x} = 1$ (2) $\displaystyle\lim_{n \to \infty}n\sin\frac{1}{n} = 1$

この事実の応用問題は毎年，どこかの大学で入試問題として出題されている．(2) は (1) から導くことができる．実際，$x = \dfrac{1}{n}$ とおくと，$n \to \infty$ のとき $x \to 0$ であるので，$\displaystyle \lim_{n \to \infty} n \sin \dfrac{1}{n} = \lim_{x \to 0} \dfrac{\sin x}{x} = 1$ となる．

● 練習問題 **1.2.3** 次を示せ．

(1) $\displaystyle \lim_{h \to 0} \dfrac{\sin(x+h) - \sin x}{h} = \cos x$ (2) $\displaystyle \lim_{h \to 0} \dfrac{\cos h - 1}{h} = 0$

基本的事実 V

(1) $|a| < 1 \Longrightarrow \displaystyle \lim_{n \to \infty} a^n = 0$

(2) $|a| > 1 \Longrightarrow \displaystyle \lim_{n \to \infty} |a|^n = \infty$

説明 (1) $|a| = \dfrac{1}{1+h} \ (h > 0)$ とおけば，$|a|^n < \dfrac{1}{1 + nh}$．したがって，

$$\lim_{n \to \infty} |a|^n \leqq \lim_{n \to \infty} \dfrac{1}{1 + nh} = 0.$$

(2) $|a| = 1 + h \ (h > 0)$ とおけば，$|a|^n > 1 + nh$．したがって，

$$\lim_{n \to \infty} |a|^n \geqq \lim_{n \to \infty} (1 + nh) = \infty.$$

● 練習問題 **1.2.4** $(1+h)^n > 1 + nh \ (h > 0)$ を示せ．

□ 例題 **1.2.3** $|a| < 1$ とする．$\displaystyle \lim_{n \to \infty} n a^n$ の値を求めよ．

【解】 この計算をする際には，次の二項定理による不等式が基本となる．

$$(1+h)^n > 1 + nh + \dfrac{n(n-1)}{2} h^2 > \dfrac{n(n-1)}{2} h^2 \quad (h > 0)$$

$|a| = \dfrac{1}{1+h} \ (h > 0)$ とおけば，$|a|^n < \dfrac{2}{n(n-1)h^2}$ である．したがって，

$$n|a|^n < \dfrac{2}{(n-1)h^2}. \qquad \therefore \ \lim_{n \to \infty} |na^n| \leqq \lim_{n \to \infty} \dfrac{2}{(n-1)h^2} = 0 \qquad ■$$

● 練習問題 **1.2.5** $\displaystyle \lim_{n \to \infty} \dfrac{1}{n^4} \sum_{k=1}^{n} k^3$ の値を求めよ．

❏ **例題 1.2.4** $\displaystyle\lim_{n\to\infty} \frac{1}{n}\log n$ の値を求めよ.

【解】 後述するロピタルの定理 (1.10 節) を使うと次のようにしてできる.
$\displaystyle\lim_{x\to\infty} \frac{\log x}{x} = \lim_{x\to\infty} \frac{(\log x)'}{(x)'} = \lim_{x\to\infty} \frac{1}{x} = 0.$ したがって,$\displaystyle\lim_{n\to\infty} \frac{1}{n}\log n = 0.$ ∎

❏ **例題 1.2.5** $\displaystyle\lim_{n\to\infty} \frac{\sin n}{n}$ の値を求めよ.

【解】 $\left|\dfrac{\sin n}{n}\right| \leqq \dfrac{1}{n}$ であるので,$\displaystyle\lim_{n\to\infty}\left|\frac{\sin n}{n}\right| \leqq \lim_{n\to\infty} \frac{1}{n} = 0.$ ∎

❏ **例題 1.2.6** $\displaystyle\lim_{n\to\infty} \frac{x^n}{n!}$ の値を求めよ.

【解】 $e^x \geqq \dfrac{x^n}{n!}\ (x \geqq 0)$ を使う.
$\left|\dfrac{x^n}{n!}\right| \leqq \dfrac{|x|^n}{n!} = \dfrac{|x|}{n}\dfrac{|x|^{n-1}}{(n-1)!} \leqq \dfrac{|x|e^{|x|}}{n}$ により,$\displaystyle\lim_{n\to\infty}\left|\frac{x^n}{n!}\right| \leqq \lim_{n\to\infty}\frac{|x|e^{|x|}}{n} = 0.$ ∎

● **練習問題 1.2.6** $e^x \geqq \dfrac{x^n}{n!}\ (x \geqq 0)$ を示せ.

❏ **例題 1.2.7** $\displaystyle\lim_{n\to\infty} \frac{e^n - e^{-n}}{e^n + e^{-n}}$ の値を求めよ.

【解】 $\displaystyle\lim_{n\to\infty} \frac{e^n - e^{-n}}{e^n + e^{-n}} = \lim_{n\to\infty} \frac{1 - e^{-2n}}{1 + e^{2n}} = 1.$ ∎

❏ **例題 1.2.8** $\displaystyle\lim_{n\to\infty}(2^n + 3^n)^{\frac{1}{n}}$ の値を求めよ.

【解】 $\displaystyle\lim_{n\to\infty}(2^n + 3^n)^{\frac{1}{n}} = \lim_{n\to\infty} 3\left(1 + \left(\frac{2}{3}\right)^n\right)^{\frac{1}{n}} = 3.$ ∎

● **練習問題 1.2.7** $\displaystyle\lim_{n\to\infty} \frac{1}{n}\log(2^n + 3^n + 4^n)$ の値を求めよ.

1.2 数列と級数

● **練習問題 1.2.8** $\displaystyle\lim_{n\to\infty}\left(a+\frac{b}{n}\right)^n$ $(a>0,\ b>0)$ の値を求めよ.

● **練習問題 1.2.9** $\displaystyle\lim_{n\to\infty}a^{\frac{1}{n}}$ の値を求めよ.

□ **例題 1.2.9** a_n を有理数列とする. $\displaystyle\lim_{n\to\infty}a_n=a$ とするとき,極限値 a も有理数か?

【解】 一般にはそうとは限らない.ニュートン法 (1.2.3 項) ででてくる漸化式

$$x_{n+1}=\frac{1}{2}\left(x_n+\frac{2}{x_n}\right)\qquad (x_1=1)$$

を考える.$x_n\ (n\geqq 1)$ はすべて有理数であるが,その極限値は無理数 $\sqrt{2}$ である.この例は,有理数の集合が極限操作について閉じていないことを示している. ■

以下は,積分で表された数列についての,はさみうちの原理の使用例である.

□ **例題 1.2.10** $\displaystyle\lim_{n\to\infty}\int_0^1 x^n\sin 2\pi x\,dx=0$ を示せ.

【解】 次のように示すことができる.

$$\left|\int_0^1 x^n\sin 2\pi x\,dx\right|\leqq \int_0^1 |x^n\sin 2\pi x|\,dx\leqq \int_0^1 x^n\,dx=\frac{1}{n+1}.$$

したがって

$$0\leqq \lim_{n\to\infty}\left|\int_0^1 x^n\sin 2\pi x\,dx\right|\leqq \lim_{n\to\infty}\frac{1}{n+1}=0.$$

はさみうちの原理により,極限値が 0 であることがわかる. ■

□ **例題 1.2.11** $\displaystyle\lim_{n\to\infty}\int_0^1 \frac{\sin x}{x}e^{-nx}\,dx=0$ を示せ.

【解】 $\left|\dfrac{\sin x}{x}\right|\leqq 1$ であるので

$$\left|\int_0^1 \frac{\sin x}{x}e^{-nx}\,dx\right|\leqq \int_0^1 \left|\frac{\sin x}{x}\right|e^{-nx}\,dx$$

$$\leqq \int_0^1 e^{-nx}\,dx = \left[-\frac{e^{-nx}}{n}\right]_0^1 = \frac{1}{n}(1-e^{-n}) < \frac{1}{n}.$$

したがって

$$0 \leqq \lim_{n\to\infty}\left|\int_0^1 \frac{\sin x}{x}e^{-nx}\,dx\right| \leqq \lim_{n\to\infty}\frac{1}{n} = 0.$$

はさみうちの原理により，極限値が 0 であることがわかる． ∎

● 練習問題 1.2.10　$\displaystyle\lim_{n\to\infty}\int_0^1 \frac{(-x)^n}{1+x}\,dx = 0$ を示せ．

1.2.2　数列と積分 (区分求積法)

いわゆるリーマン積分ででてくる**区分求積法**である．閉区間 $[a,b]$ 上の連続関数 $f(x)$ に対し，

$$\lim_{n\to\infty}\sum_{k=0}^{n}\frac{b-a}{n}f\left(a+\frac{k(b-a)}{n}\right) = \int_a^b f(x)\,dx$$

となることが知られている．この

$$\int_a^b f(x)\,dx$$

を $f(x)$ のリーマン積分とよぶ．

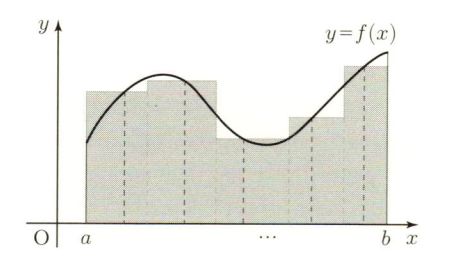

図 1.2　区分求積法

□ 例題 1.2.12　$\displaystyle\lim_{n\to\infty}\frac{1}{n^4}\sum_{k=1}^{n}k^3$ の値を求めよ．

【解】　$\displaystyle\lim_{n\to\infty}\frac{1}{n^4}\sum_{k=1}^{n}k^3 = \lim_{n\to\infty}\sum_{k=1}^{n}\frac{1}{n}\left(\frac{k}{n}\right)^3 = \int_0^1 x^3\,dx = \frac{1}{4}.$ ∎

● 練習問題 1.2.11　$\displaystyle\lim_{n\to\infty}\frac{1}{n^3}\sum_{k=1}^{n}k^2$ の値を求めよ．

1.2 数列と級数

1.2.3 数列と方程式の解の近似理論 (ニュートン法)

次の公式は有名である.

2次方程式 $ax^2 + bx + c = 0$ の解の公式
$$x = \frac{-b \pm \sqrt{b^2 - 4ac}}{2a}$$

● **練習問題 1.2.12** 上の公式を導け.

● **練習問題 1.2.13** 方程式 $x^2 - x - 1 = 0$ を解け.

3次方程式, 4次方程式には解の公式が存在する[9]. しかし, 5次以上の代数方程式には, 解の公式が存在しないことが証明されている[10]. 一般に, $x - \sin x = 0$, $e^x - x = 0$ などの超越方程式には解の公式はない. これらの方程式の解の近似値を求める方法がニュートン法である. 例えば, 2次方程式 $x^2 = 2$ の答えは, もちろん $\sqrt{2}, -\sqrt{2}$ である. ここで問題にしているのは, $\sqrt{2}$ の近似値なのである[11].

方程式 $f(x) = 0$ の解は, 次のようにして求めることができる.

ニュートン法
$$x_{n+1} = x_n - \frac{f(x_n)}{f'(x_n)}$$

ここで $f'(x)$ は $f(x)$ の導関数を表している.

□ **例題 1.2.13** $x^2 = 2$ の解の近似値を求めよ.

【解】 $f(x) = x^2 - 2$ とおくと, $f'(x) = 2x$ である. これを $x_{n+1} = x_n - \dfrac{f(x_n)}{f'(x_n)}$ に代入すると

$$x_{n+1} = x_n - \frac{x_n^2 - 2}{2x_n} = \frac{1}{2}\left(x_n + \frac{2}{x_n}\right)$$

となる. 初期値として $x_0 = 1$ を使うと $x_1 = 1.5$, $x_2 = 1.41$ となり, $\sqrt{2}$ の近似値が求まる. ∎

---
9) タルタリア, フェラーリによる.
10) ガロア, アーベルの功績である.
11) 大学への数学と大学での数学の違いはここにある. 大学入試では $\sqrt{2}$ が求まれば, 解答欄に $\sqrt{2}$ と書けば点数がもらえるのである. しかし現実社会では通用しない. $\sqrt{2}$ の実際の値, あるいは近似値が要求されるのである. このための計算法がニュートン法である.

● 練習問題 1.2.14 $x^2 = 3$ の解の近似値を求めよ．

● 練習問題 1.2.15 ニュートン法を用いて，$x^2 = a\ (a > 0)$ の解の近似値を求める公式をつくれ．

1.2.4 漸化式の解法

ニュートン法ででてきた
$$x_{n+1} = \frac{1}{2}\left(x_n + \frac{3}{x_n}\right), \quad x_0 = 1$$
のような数列の間の関係式を**漸化式** (**差分方程式**) とよぶ．つまり，漸化式とは数列のいくつかの項の間の関係式である．漸化式の解法については高校で学んでいると思うが，ここで簡単に復習しておく．

$$a_{n+1} = a_n + 1\ (n \in \mathbb{N}); \quad a_{n+1} = 2a_n\ (n \in \mathbb{N}); \quad a_{n+2} = a_{n+1} + a_n\ (n \in \mathbb{N})$$

などは漸化式の例である．

□ **例題 1.2.14** 次の数列の極限値を求めよ．
$$a_{n+1} = \frac{1}{2}\left(a_n + \frac{2}{a_n}\right) \quad (a_1 = 1,\ n \in \mathbb{N})$$

【解】 $\displaystyle\lim_{n \to \infty} a_n = a$ とおくと，$a = \frac{1}{2}\left(a + \frac{2}{a}\right)$．$a^2 = 2$ より $a = \sqrt{2}$．　∎

● 練習問題 1.2.16 数列 $a_{n+1} = \frac{1}{2}\left(a_n + \frac{3}{a_n}\right)\ (a_1 = 1,\ n \in \mathbb{N})$ の極限値を求めよ．

ここで漸化式の解法を紹介しよう．

□ **例題 1.2.15** 次の漸化式を満たす数列を求めよ．
$$a_{n+1} = a_n + 1 \quad (a_0 = 1,\ n \in \mathbb{N})$$

【解】 階差数列 $b_k = a_k - a_{k-1}$ を利用する．
$$a_n = \sum_{k=1}^{n} b_k + a_0 = \sum_{k=1}^{n} 1 + 1 = n + 1$$
∎

> **例題 1.2.16** 次の漸化式を満たす数列を求めよ．
> $$a_{n+1} = 2a_n \qquad (a_0 = 1,\ n \in \mathbb{N})$$

【解】 $a_1 = 2$, $a_2 = 2^2$ と順番に計算して，$a_n = 2^n$. ∎

● **練習問題 1.2.17** 次の漸化式を満たす数列を求めよ．
$$a_{n+2} = a_{n+1} + a_n \qquad (a_1 = 1,\ a_2 = 1,\ n \in \mathbb{N})$$

注意： この数列は，フィボナッチ数列とよばれている．

● **練習問題 1.2.18** 漸化式 $a_{n+1} = 3a_n$ $(a_0 = 1)$ を解け．

● **練習問題 1.2.19** 漸化式 $a_{n+1} = a_n + n$ $(a_0 = 1)$ を解け．

1.2.5 級数の収束と発散

$$\sum_{k=0}^{\infty} a_k = a_0 + a_1 + \cdots + a_k + \cdots$$

を (無限) **級数**という．

級数の和を実際に求めるのは大変難しい．ここでは，簡単に求めることができる場合について解説する．大学の工学部で学ぶ級数で最も重要なものはテイラー級数 $\sum_{n=0}^{\infty} \dfrac{f^{(n)}(0)}{n!} x^n$ とフーリエ級数 $\sum_{-\infty}^{\infty} a_n e^{inx}$ である[12]．

$S_n = \sum_{k=0}^{n} a_k$ とおき，**第 n 部分和**とよぶ．

> ─── **級数の収束** ───
>
> 第 n 部分和が有限な極限値 $\lim\limits_{n \to \infty} S_n$ をもつとき，
> $$\lim_{n \to \infty} S_n = \sum_{k=0}^{\infty} a_k$$
> と表し，級数 $\sum_{k=0}^{\infty} a_k$ は**収束する**という．$\sum_{k=0}^{\infty} a_k < \infty$ と表すこともある．収束しないとき，**発散する**という．

ここで高校で学んだ事項をまとめておく．

---

[12] リーマン予想で有名なリーマンゼータ関数 $\zeta(s)$ も級数 $\zeta(s) = \sum_{n=1}^{\infty} \dfrac{1}{n^s}$ として定義される．

部分和の基本事項

(1) $\displaystyle\sum_{k=1}^{n} k = \frac{n(n+1)}{2}$

(2) $\displaystyle\sum_{k=1}^{n} k^2 = \frac{n(n+1)(2n+1)}{6}$

(3) $\displaystyle\sum_{k=1}^{n} k^3 = \left(\frac{n(n+1)}{2}\right)^2$

(4) $\displaystyle\sum_{k=1}^{n} a^{k-1} = \frac{a^n - 1}{a - 1}\quad (a \neq 1)$

● 練習問題 1.2.20　次を求めよ．

(1) $\displaystyle\sum_{k=1}^{n} k a^{k-1}$　　(2) $\displaystyle\lim_{n\to\infty}\sum_{k=1}^{n} k a^{k-1}\ (|a| < 1)$

1.2.6　級数の収束の判定法

級数の収束に関して説明しよう．

級数の収束の判定法

$\displaystyle\sum_{k=0}^{\infty} a_k$ が収束する $\Longrightarrow \displaystyle\lim_{n\to\infty} a_n = 0$

証明　$\displaystyle\lim_{n\to\infty} S_n = S$ とおく．第 n 部分和の定義から，$a_n = S_n - S_{n-1}$．したがって，$\displaystyle\lim_{n\to\infty} a_n = \lim_{n\to\infty}(S_n - S_{n-1}) = S - S = 0$．　∎

上の判定法の逆は成立しない．反例をあげると，$\displaystyle\lim_{k\to\infty}\frac{1}{k} = 0$ であるが $\displaystyle\sum_{k=1}^{\infty}\frac{1}{k} = \infty$ であり，発散する．

● 練習問題 1.2.21　$\displaystyle\sum_{k=1}^{\infty}\frac{1}{k} = \infty$ を示せ．

注意：　一見あたりまえにみえる $\displaystyle\lim_{n\to\infty}\frac{1}{n} = 0$ という事実は，現代数学の世界ではアルキメデスの公理とよばれている．

等比級数の和の基本事項

(1) $|a| < 1$ のとき，$\displaystyle\lim_{n\to\infty}\sum_{k=0}^{n} a_k = \lim_{n\to\infty}\sum_{k=0}^{n} a^k = \frac{1}{1-a}$．

(2) $|a| > 1$ のとき，$\displaystyle\sum_{k=0}^{\infty} a^k$ は収束しない．

1.2 数列と級数

> **例題 1.2.17** $|x| < 1$ とする．$\displaystyle\lim_{n\to\infty}\sum_{k=0}^{n} kx^k$ の値を求めよ．

【解】 $\displaystyle\sum_{k=0}^{\infty} kx^k = x\frac{d}{dx}\sum_{k=0}^{\infty} x^k = \frac{x}{(1-x)^2}$ [13]．∎

この種の問題は，確率の計算でよくでてくる (**幾何分布**とよばれている)．

> **例題 1.2.18 (応用問題)** サイコロを振って初めて 1 の目が出るまでに平均何回かかるか？

【解】 1 の目が出る確率を p とおき，1 以外の目が出る確率を q とおく．求める期待値は $\displaystyle\sum_{k=1}^{\infty} kpq^{k-1} = \frac{p}{(1-q)^2} = \frac{1}{p}$ である．$p = \frac{1}{6}$ であるので 平均 6 回かかることがわかる．∎

● **練習問題 1.2.22 (実践問題)** フィーバー確率 $\frac{1}{300}$ のパチンコ台で 777 の目が出るまでに平均何回かかるか？ また，1000 円でディジタルが平均 20 回まわるとき，777 が揃うまでに必要な投資金額を求めよ．

> **例題 1.2.19** 級数 $\displaystyle\sum_{n=1}^{\infty} \frac{(-1)^{n-1}}{n}$ の値を求めよ．

【解】 $\displaystyle\sum_{k=1}^{n}(-x)^{k-1} = \frac{1-(-x)^n}{1+x}$ を利用する．

$$\int_0^1 \left\{\sum_{k=1}^{n}(-x)^{k-1}\right\} dx = \int_0^1 \frac{1-(-x)^n}{1+x} dx = \int_0^1 \frac{1}{1+x} dx - \int_0^1 \frac{(-x)^n}{1+x} dx$$

$$\therefore \sum_{k=1}^{n-1} \frac{(-1)^{k-1}}{k} = \log 2 + \int_0^1 \frac{(-x)^n}{1+x} dx.$$

$\displaystyle\lim_{n\to\infty}\int_0^1 \frac{(-x)^n}{1+x} dx = 0$ なので $\displaystyle\sum_{n=1}^{\infty} \frac{(-1)^{n-1}}{n} = \log 2$．∎

● **練習問題 1.2.23** 級数 $\displaystyle\sum_{n=1}^{\infty} \frac{(-1)^{n-1}}{2n-1}$ の値を求めよ．
注意： この級数は**ライプニッツ級数**とよばれている．

---
[13] $\frac{x}{(1-x)^2}$ はケーベの関数とよばれている．

1.2.7 条件収束級数と絶対収束級数

ここでは，条件収束級数と絶対収束級数について説明する．

絶対収束級数の定義

絶対値をつけた級数 $\sum_{n=1}^{\infty} |a_n|$ が収束するとき，級数 $\sum_{n=1}^{\infty} a_n$ は **絶対収束する** という．

次が知られている．

絶対収束級数

$\sum_{n=1}^{\infty} |a_n|$ が収束する $\Longrightarrow \sum_{n=1}^{\infty} a_n$ が収束する

絶対収束級数の例：$\sum_{n=1}^{\infty} \dfrac{(-1)^{n-1}}{n^2}$ は絶対収束級数である．

注意：$\sum_{n=1}^{\infty} \dfrac{1}{n^2} = \dfrac{\pi^2}{6}$ が知られている．$\sum_{n=1}^{\infty} \left| \dfrac{(-1)^{n-1}}{n^2} \right| = \sum_{n=1}^{\infty} \dfrac{1}{n^2} = \dfrac{\pi^2}{6}$ である．

条件収束級数の定義

絶対値をつけた級数 $\sum_{n=1}^{\infty} |a_n|$ は発散するが，級数 $\sum_{n=1}^{\infty} a_n$ は収束するとき **条件収束する** という．

条件収束級数の例：$\sum_{n=1}^{\infty} \dfrac{(-1)^{n-1}}{n} = \log 2$ であるが $\sum_{n=1}^{\infty} \dfrac{1}{n} = \infty$ である．

1.2.8 特殊な級数

さらに，次が知られている．

交代級数の収束

$\lim_{n \to \infty} a_n = 0, \; a_n > a_{n+1}, \; a_n > 0 \Longrightarrow \sum_{n=1}^{\infty} (-1)^n a_n$ は収束する

ここでは，交代級数の例として，対数関数 $\log x$ の数値計算をしてみよう．

$$\log(1+x) = \sum_{n=1}^{\infty} (-1)^{n-1} \frac{x^n}{n} \qquad (-1 < x \leqq 1)$$

に対して，$x = 1$ を代入して $\log 2 = \sum_{n=1}^{\infty} (-1)^{n-1} \dfrac{1}{n}$ がわかる．ところがこれは非常

に収束が遅くて実用性は低い．

展開式 $\log(1+x) = \sum_{n=1}^{\infty} (-1)^{n-1}\dfrac{x^n}{n}$ において，x のところに $-x$ を代入して

$$\log(1-x) = -\sum_{n=1}^{\infty} \dfrac{x^n}{n}$$

を得る．これらの展開式から

$$\log\left(\dfrac{1+x}{1-x}\right) = \log(1+x) - \log(1-x) = 2\sum_{n=0}^{\infty} \dfrac{1}{2n+1} x^{2n+1}$$

がわかる．この展開式を使うと，次のようにして，$\log 2$ の実用性の高い数値計算が実行可能となる．

---- 対数関数の展開式 ----

$$\log\left(\dfrac{1+x}{1-x}\right) = 2\sum_{n=0}^{\infty} \dfrac{1}{2n+1} x^{2n+1}$$

例えば，$\log 2$ は次のように計算できる．$\dfrac{1+x}{1-x} = 2$ を満たす x を求める．$x = \dfrac{1}{3}$ である．これを上の展開式に代入する．

$$\log 2 = 2\sum_{n=0}^{\infty} \dfrac{1}{2n+1}\left(\dfrac{1}{3}\right)^{2n+1} = 2\left(\dfrac{1}{3} + \dfrac{1}{81} + \cdots\right) = 0.691\ldots$$

真の値は $0.6931\ldots$ である[14]．

● **練習問題 1.2.24** $\log 3$ の近似値を求めよ．

● **練習問題 1.2.25** (円周率の展開式) 次を示せ．
 (1) $\displaystyle\int_0^1 \dfrac{1}{1+t^2} dt = \dfrac{\pi}{4}$　　(2) $\dfrac{\pi}{4} = \sum_{n=1}^{\infty} \dfrac{(-1)^{n-1}}{2n-1}$

最後に，オイラーの定数についてふれておこう．次の極限値 γ を，**オイラーの定数**とよぶ．

$$\gamma = \lim_{n\to\infty}\left(\sum_{k=1}^{n} \dfrac{1}{k} - \log n\right), \qquad \gamma = 0.5772\ldots$$

オイラーの定数の正体は今もって不明である．現在のところ無理数か有理数かもわかっていない．後述するオイラーガンマ関数 $\Gamma(x)$ とは $\gamma = -\Gamma'(1)$ という関係がある．γ は，$\Gamma(x)$ の無限乗積表示で登場する．

---

[14] 小数点以下2桁まですでに一致している！ すごい！ 学生時代にこの話を高木貞治の「解析概論」で知り，非常に感動した記憶がある．

1.3 微分係数と導関数 1

1.3.1 関数の極限

関数の極限値は，主に次の場合を考える．

(1) $\lim_{x \to 0} f(x)$ 　　(2) $\lim_{x \to a} f(x)$ 　　(3) $\lim_{x \to +\infty} f(x)$ 　　(4) $\lim_{x \to -\infty} f(x)$

例をあげてみると，

(1) $\lim_{x \to 0} \dfrac{\sin x}{x} = 1$,

(2) $\lim_{x \to \frac{\pi}{2}} \dfrac{\cos x}{x - \frac{\pi}{2}} = 1$,

(3) $\lim_{x \to +\infty} e^{-x} = 0$,

(4) $\lim_{x \to -\infty} e^{-|x|} = 0$.

まず，高校数学の復習からはじめよう．

❏ **例題 1.3.1**　次の極限値を求めよ．

(1) $\lim_{x \to 0} \dfrac{1 - \cos x}{x}$ 　　(2) $\lim_{x \to 0} \dfrac{1 - \cos x}{x^2}$

【解】　(1) 　0 　　(2) 　$\dfrac{1}{2}$

(ヒント：分母・分子に $1 + \cos x$ をかけて変形するとできる．)　　■

❏ **例題 1.3.2**　次の極限値を求めよ．

(1) $\lim_{x \to +\infty} \dfrac{e^x - e^{-x}}{e^x + e^{-x}}$ 　　(2) $\lim_{x \to -\infty} \dfrac{e^x - e^{-x}}{e^x + e^{-x}}$

【解】　(1) 　1 　　(2) 　-1　　■

❏ **例題 1.3.3**　次の極限値を求めよ．

(1) $\lim_{x \to +\infty} xe^{-x}$ 　　(2) $\lim_{x \to +\infty} e^{x - e^x}$ 　　(3) $\lim_{x \to -\infty} e^{x - e^x}$

【解】　(1) 　0

(2) 　$t = e^x$ とおく．$\lim_{x \to +\infty} e^{x - e^x} = \lim_{x \to +\infty} e^x e^{-e^x} = \lim_{t \to +\infty} te^{-t} = 0$.

(3) 　$t = e^x$ とおく．$\lim_{x \to -\infty} e^{x - e^x} = \lim_{x \to -\infty} e^x e^{-e^x} = \lim_{t \to 0} te^{-t} = 0$.　　■

1.3 微分係数と導関数 1

関数の極限値を求める際に，例えば，$\dfrac{0}{0}$ や $\dfrac{\infty}{\infty}$ などの形になってしまう場合 (**不定形**という) には，次の**ロピタルの定理**は非常に役に立つ．ロピタルの定理については，後で詳しく説明する (1.10 節).

まず，使い方をマスターしよう．

次が成り立つ．

ロピタルの定理

$$\lim_{x\to a}\frac{f(x)}{g(x)} = \lim_{x\to a}\frac{f'(x)}{g'(x)}$$

注意： $a = +\infty$, $a = -\infty$ でもかまわない．

□ 例題 1.3.4　次の極限値を求めよ．
$$\lim_{x\to\infty} xe^{-x}$$

【解】 $\displaystyle\lim_{x\to\infty} xe^{-x} = \lim_{x\to\infty}\frac{x}{e^x} = \lim_{x\to\infty}\frac{(x)'}{(e^x)'} = \lim_{x\to\infty}\frac{1}{e^x} = 0.$ ∎

□ 例題 1.3.5　次の極限値を求めよ．
$$\lim_{x\to 0} x\log x$$

【解】 $\displaystyle\lim_{x\to 0} x\log x = \lim_{x\to 0}\frac{\log x}{\frac{1}{x}} = \lim_{x\to 0}\frac{(\log x)'}{(\frac{1}{x})'} = \lim_{x\to 0}\frac{\frac{1}{x}}{-\frac{1}{x^2}} = \lim_{x\to 0}(-x) = 0.$ ∎

● **練習問題 1.3.1**　極限値 $\displaystyle\lim_{x\to 0}\left(\frac{1}{e^x - 1} - \frac{1}{x}\right)$ を求めよ．

□ 例題 1.3.6　次の極限値を求めよ．
$$\lim_{x\to\infty} x^n e^{-x}$$

【解】 ロピタルの定理を何回も使う．

$$\lim_{x\to\infty} x^n e^{-x} = \lim_{x\to\infty}\frac{x^n}{e^x} = \lim_{x\to\infty}\frac{(x^n)'}{(e^x)'} = \lim_{x\to\infty}\frac{nx^{n-1}}{e^x} = \cdots = \lim_{x\to\infty}\frac{n!}{e^x} = 0.$$ ∎

●練習問題 1.3.2　次の極限値を求めよ.

(1)　$\displaystyle\lim_{t\to\infty}\frac{1}{\sqrt{4\pi t}}e^{\frac{-x^2}{4t}}$　　(2)[15]　$\displaystyle\lim_{t\to 0}\frac{1}{\sqrt{4\pi t}}e^{\frac{-x^2}{4t}}$

□ 例題 1.3.7　次の極限値を求めよ.
$$\lim_{x\to 0}\frac{\cos x - 1 + \frac{x^2}{2}}{x^4}$$

【解】　$\displaystyle\lim_{x\to 0}\frac{\cos x - 1 + \frac{x^2}{2}}{x^4} = \lim_{x\to 0}\frac{-\sin x + x}{4x^3} = \lim_{x\to 0}\frac{-\cos x + 1}{12x^2}$
$\displaystyle\qquad\qquad = \lim_{x\to 0}\frac{\sin x}{24x} = \frac{1}{24}$　　∎

●練習問題 1.3.3　(1)　$\sin x \geqq \dfrac{2}{\pi}x \ \left(0 \leqq x \leqq \dfrac{\pi}{2}\right)$ を示せ.

(2)　$\displaystyle\int_0^{\frac{\pi}{2}} e^{-\frac{2}{\pi}Rx}\,dx$ の値を求めよ.

(3)　$\displaystyle\lim_{R\to\infty}\int_0^{\frac{\pi}{2}} e^{-R\sin x}\,dx$ の値を求めよ.

1.3.2　微分係数と導関数の定義

高校レベルの数学からはじめよう．例えば，$\displaystyle\lim_{x\to 1}\frac{x^3-1}{x-1}$ の値を求めてみよう．

$$\lim_{x\to 1}\frac{x^3-1}{x-1} = \lim_{x\to 1}\frac{(x-1)(x^2+x+1)}{x-1} = \lim_{x\to 1}(x^2+x+1) = 3$$

となる．

微分係数の定義を忘れている人がいるかもしれないので書いておく．

微分係数の定義
$$f'(a) = \lim_{x\to a}\frac{f(x)-f(a)}{x-a}$$

---

[15]　極限値 $\displaystyle\lim_{t\to 0}\frac{1}{\sqrt{4\pi t}}e^{\frac{-x^2}{4t}}$ は，撃力等を表す工学，物理学 (量子力学) で重要なディラックのデルタ関数 (超関数) $\delta(x)$ であることが知られている．デルタ関数は次の性質をもつ．

$$\delta(x) = \begin{cases} 0 & (x \neq 0) \\ \infty & (x = 0) \end{cases}, \quad \int_{-\infty}^{+\infty}\delta(x)\,dx = 1, \quad \int_{-\infty}^{+\infty}\delta(x-y)f(y)\,dy = f(x)$$

このような不連続関数の微分積分を扱う理論は**超関数の理論**とよばれている．シュワルツ (L. Schwartz)，ゲルファント–シロフ (Gelfand-Shilov)，佐藤幹夫らにより研究された．

1.3 微分係数と導関数 1

この $f'(a)$ を，関数 $f(x)$ の $x = a$ における**微分係数**という．

例えば，$f(x) = x^2$ に対しては，

$$\lim_{x \to a} \frac{x^2 - a^2}{x - a} = \lim_{x \to a} (x + a) = 2a$$

であるので，$f'(a) = 2a$ と求められる．

● 練習問題 1.3.4 $\displaystyle \lim_{x \to a} \frac{x^4 - a^4}{x - a}$ の値を求めよ．

ウオーミングアップも終了したところで少しずつレベルを上げていこう．

● 練習問題 1.3.5 $\displaystyle \lim_{x \to 0} \frac{e^x - e^{-x}}{x}$ の値を求めよ．

● 練習問題 1.3.6 $\displaystyle \lim_{x \to 0} \frac{3^x - 2^x}{x}$ の値を求めよ．

● 練習問題 1.3.7 $f(x) = x^3$ とおく．$f'(a) = 3a^2$ であることを定義を用いて示せ．

1.3.3 導関数の公式

ここで導関数の定義を確認しておく．

―――― 導関数の定義 ――――

$$f'(x) = \lim_{h \to 0} \frac{f(x + h) - f(x)}{h}$$

$f'(x)$ は $\dfrac{dy}{dx}$, $\dfrac{df}{dx}$ などとも書く．

● 練習問題 1.3.8 $\displaystyle \lim_{h \to 0} \frac{f(h) - f(-h)}{h} = 2f'(0)$ を示せ．

―――― 導関数の公式 I ――――

(1) $\dfrac{dx^n}{dx} = nx^{n-1}$

(2) $\dfrac{d \log |x|}{dx} = x^{-1} = \dfrac{1}{x}$, $\qquad \dfrac{d \log |f(x)|}{dx} = \dfrac{f'(x)}{f(x)}$ （対数微分の公式）

(3) $\dfrac{d \sin x}{dx} = \cos x,\qquad \dfrac{d \cos x}{dx} = -\sin x,\qquad \dfrac{d \tan x}{dx} = \dfrac{1}{\cos^2 x}$

(4) $-\dfrac{d \log |\cos x|}{dx} = \tan x$

(5) $\dfrac{d\log(x+\sqrt{1+x^2})}{dx} = \dfrac{1}{\sqrt{1+x^2}}$

(6) $\dfrac{de^x}{dx} = e^x, \qquad \dfrac{de^{ax}}{dx} = ae^{ax}$

(7) $\dfrac{d\,2^x}{dx} = 2^x \log 2, \qquad \dfrac{da^x}{dx} = a^x \log a, \qquad \dfrac{de^{f(x)}}{dx} = f'(x)e^{f(x)}$

以下の，逆三角関数，双曲線関数についてはあとで学ぶ (1.5, 1.6 節).

(8) $\dfrac{d\arctan x}{dx} = \dfrac{1}{1+x^2}, \qquad \dfrac{d\arcsin x}{dx} = \dfrac{1}{\sqrt{1-x^2}}, \qquad \dfrac{d\arccos x}{dx} = \dfrac{-1}{\sqrt{1-x^2}}$

(9) $\dfrac{d\sinh x}{dx} = \cosh x, \qquad \dfrac{d\cosh x}{dx} = \sinh x, \qquad \dfrac{d\tanh x}{dx} = \dfrac{1}{\cosh^2 x}$

導関数の公式 II

(1) $(f(x) + g(x))' = f'(x) + g'(x)$

(2) $(f(x) - g(x))' = f'(x) - g'(x)$

(3) $(f(x)g(x))' = f'(x)g(x) + f(x)g'(x)$

(4) $\left(\dfrac{f(x)}{g(x)}\right)' = \dfrac{f'(x)g(x) - f(x)g'(x)}{g^2(x)}$

---

(3), (4) は意外と苦手な学生が多い．

□ **例題 1.3.8** 関数 $\log(x+\sqrt{x^2+a^2})$ の導関数を求めよ．

【解】 $\dfrac{d\log(x+\sqrt{x^2+a^2})}{dx} = \dfrac{1}{\sqrt{x^2+a^2}}.$ ∎

□ **例題 1.3.9** $\dfrac{d\log|\sin x|}{dx}$ を求めよ．

【解】 $\dfrac{d\log|\sin x|}{dx} = \dfrac{\cos x}{\sin x}.$ ∎

□ **例題 1.3.10** 関数 $y = \log \dfrac{1+\sqrt{1-x^2}}{x} - \sqrt{1-x^2}$ ($|x| \leqq 1$) の導関数を求めよ[16].

【解】 $-\dfrac{\sqrt{1-x^2}}{x}$ ■

1.3.4 接線の式，法線の式

高校で学んでいるとは思うが，接線の方程式，法線の方程式についてまとめておく．

接線の方程式

曲線 $y = f(x)$ 上の点 $(a, f(a))$ における接線の方程式は
$$y = f'(a)(x - a) + f(a).$$

法線の方程式

曲線 $y = f(x)$ 上の点 $(a, f(a))$ における法線の方程式は

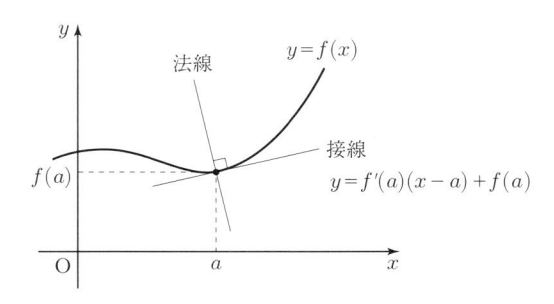

(1) $f'(a) \neq 0$ のとき $y = \dfrac{-1}{f'(a)}(x - a) + f(a)$.

(2) $f'(a) = 0$ のとき $x = a$.

図 1.3 接線と法線

---
16) この問題の曲線は**追跡線** (Tractrix) ともよばれ，これを y 軸のまわりに回転してできる曲面は**ベルトラミ擬球面**とよばれている．これは，負の定曲率をもつ非ユークリッド幾何学のモデルを与えている．

☐ **例題 1.3.11** 曲線 $y = x^2$ の $x = 1$ における接線の方程式，法線の方程式を求めよ．

【解】 $y' = 2x$ であるので $y'(1) = 2$. したがって，$y = x^2$ の $x = 1$ における接線の方程式，法線の方程式はそれぞれ
$$y = 2(x-1) + 1 = 2x - 1, \quad y = \frac{-1}{2}(x-1) + 1 = -\frac{1}{2}x + \frac{3}{2}. \blacksquare$$

● **練習問題 1.3.9** 曲線 $y = e^x$ の $x = 0$ における接線の方程式，法線の方程式を求めよ．

☐ **例題 1.3.12** 曲線 $y = \dfrac{e^x + e^{-x}}{2}$ の $x = 0$ における接線の方程式，法線の方程式を求めよ．

【解】 $y' = \dfrac{e^x - e^{-x}}{2}$ であるので $y'(0) = 0$. したがって，$y = \dfrac{e^x + e^{-x}}{2}$ の $x = 0$ における接線の方程式，法線の方程式はそれぞれ $y = 1, \; x = 0$. $\blacksquare$

☐ **例題 1.3.13** 曲線 $y = \dfrac{e^x - e^{-x}}{e^x + e^{-x}}$ の $x = 0$ における接線の方程式，法線の方程式を求めよ．

【解】 $y' = \dfrac{4}{(e^x + e^{-x})^2}$ であるので $y'(0) = 1$. したがって，$y = \dfrac{e^x - e^{-x}}{e^x + e^{-x}}$ の $x = 0$ における接線の方程式，法線の方程式はそれぞれ $y = x, \; y = -x$. $\blacksquare$

● **練習問題 1.3.10** 曲線 $y = \sqrt{1+x}$ の $x = 0$ における接線の方程式，法線の方程式を求めよ．

☐ **例題 1.3.14** 曲線 $y = e^{2x}$ 上の点 (a, e^{2a}) における接線が x 軸と交わる点を A とし，x 軸上の点 $(a, 0)$ を B とする．AB を求めよ．

【解】 曲線 $y = e^{2x}$ 上の点 (a, e^{2a}) における接線の方程式は
$$y = 2e^{2a}(x-a) + e^{2a}$$

である．したがって，$A\left(a-\dfrac{1}{2}, 0\right)$ である．$B(a,0)$ であるので，$AB=\dfrac{1}{2}$ である． ∎

● **練習問題 1.3.11** 曲線 $y=e^{bx}$ $(b>0)$ 上の点 (a, e^{ba}) における接線が x 軸と交わる点を A とし，x 軸上の点 $(a,0)$ を B とする．AB を求めよ．

□ **例題 1.3.15** 曲線 $y=\sqrt{x}$ 上の点 $(a, \sqrt{a})$ における法線が x 軸と交わる点を A とし，x 軸上の点 $(a,0)$ を B とする．AB を求めよ．

【解】 $y=\sqrt{x}$ 上の点 $(a, \sqrt{a})$ における法線の方程式は，
$$y=-2\sqrt{a}(x-a)+\sqrt{a}$$
である．したがって，$A\left(a+\dfrac{1}{2}, 0\right)$, $B(a,0)$ である．ゆえに $AB=\dfrac{1}{2}$ である． ∎

● **練習問題 1.3.12** 曲線 $y=b\sqrt{x}$ 上の点 $(a, b\sqrt{a})$ における法線が x 軸と交わる点を A とし，x 軸上の点 $(a,0)$ を B とする．AB を求めよ．

□ **例題 1.3.16** $f(x)=\log\dfrac{1+\sqrt{1-x^2}}{x}-\sqrt{1-x^2}$ $(|x|\leqq 1)$ とおく．曲線 $y=f(x)$ 上の点 $P(a, f(a))$ における接線 l が y 軸と交わる点を Q とする．
  (1) $f'(x)$ を求めよ．
  (2) l の方程式を求めよ．
  (3) Q の座標を求めよ．
  (4) PQ の長さを求めよ．

【解】 (1) $-\dfrac{\sqrt{1-x^2}}{x}$

(2) 点 $(a, f(a))$ における接線の方程式は $y=-\sqrt{1-a^2}\,x+\log\dfrac{1+\sqrt{1-a^2}}{a}$.

(3) $Q\left(0, \log\dfrac{1+\sqrt{1-a^2}}{a}\right)$

(4) $PQ=1$ ∎

1.3.5 関数の近似式

接線の方程式を,関数の近似式として利用することができる.
$$f(x) \sim f'(0)x + f(0)$$
を使うのである.ただし,"$\sim$" は,$\lim_{x \to 0}\{f(x) - g(x)\} = 0$ のとき $f(x) \sim g(x)$ と表す.誤差評価,より精度の高い近似式についてはテイラー級数 (1.9 節) のところで説明する.

― 関数の近似式 ―

$|x| \sim 0$ のとき,次の近似式が知られている.

(1) $\sin x \sim x$

(2) $\sin x \sim x - \dfrac{x^3}{6}$

(3) $\cos x \sim 1 - \dfrac{x^2}{2}$

(4) $\cos x \sim 1 - \dfrac{x^2}{2} + \dfrac{x^4}{24}$

(5) $\sqrt{1+x} \sim 1 + \dfrac{x}{2}$

(6) $(1+x)^\alpha \sim 1 + \alpha x$

(7) $\log(1+x) \sim x$

(8) $\log\left(\dfrac{1+x}{1-x}\right) \sim 2\left(x + \dfrac{x^3}{3}\right)$

以下の,双曲線関数についてはあとで学ぶ (1.5, 1.6 節).

(9) $\cosh x \sim 1 + \dfrac{x^2}{2}$

(10) $\sinh x \sim x$

(11) $\tanh x \sim x$

例題 1.3.17 $\sqrt{66}$ の近似値を求めよ.

【解】 近似式 $\sqrt{1+x} \sim 1 + \dfrac{x}{2}$ を使う.

$$\sqrt{66} = \sqrt{64+2} = \sqrt{64\left(1+\dfrac{1}{32}\right)} = 8\sqrt{1+\dfrac{1}{32}} \sim 8\left(1+\dfrac{1}{64}\right) = 8 + \dfrac{1}{8} = 8.125$$

真の値は 8.140... であるので,わりと良い近似値である. ∎

1.3 微分係数と導関数1

● 練習問題 1.3.13 $\sqrt{5}$ の近似値を求めよ．

● 練習問題 1.3.14 $\sqrt{10}$ の近似値を求めよ．

□ 例題 1.3.18 $\cos 1$ の近似値を求めよ．

【解】 (3), (4) を使うと，
$$\cos 1 \sim 1 - \frac{1}{2!} = 1 - \frac{1}{2} = 0.5,$$
$$\cos 1 \sim 1 - \frac{1}{2!} + \frac{1}{24} = 1 - \frac{1}{2} = 0.54.$$

真の値は 0.5403... であるので，わりと良い近似値である． ∎

● 練習問題 1.3.15 $\sin 1$ の近似値を求めよ．

□ 例題 1.3.19 $\log 2$ の近似値を求めよ．

【解】 (8) を使うと，$\log 2 \sim 2\left(\frac{1}{3} + \frac{1}{3}\left(\frac{1}{3}\right)^3\right) = \frac{56}{81} = 0.6913...$

真の値は 0.6931... であるので，わりと良い近似値である． ∎

● 練習問題 1.3.16 $\log 3$ の近似値を求めよ．

1.4 微分係数と導関数 2
1.4.1 平均値の定理

$y = f(x)$ のグラフ上の 2 点 $(a, f(a)), (b, f(b))$ を結ぶ直線

$$y = \frac{f(b) - f(a)}{b - a}(x - a) + f(a)$$

に平行な接線

$$y = f'(c)(x - a) + f(a) \quad (a < c < b)$$

が存在する．平行なのでこれらの傾きは等しい．

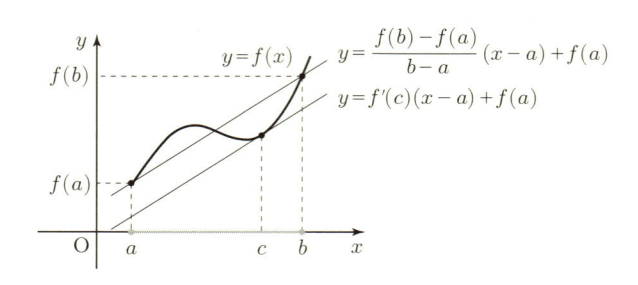

図 1.4

このことから次がわかる．

――― 平均値の定理 I ―――

$$\frac{f(b) - f(a)}{b - a} = f'(c) \quad (a < c < b)$$

を満たす点 c が存在する．

ここで $\theta = \dfrac{c - a}{b - a}$ とおくと $c = a + \theta(b - a)$ $(0 < \theta < 1)$ であるので，以下のように書き換えられる．

――― 平均値の定理 II ―――

$$\frac{f(b) - f(a)}{b - a} = f'(a + \theta(b - a)) \quad (0 < \theta < 1)$$

を満たす点 θ が存在する．

注意： θ は定数のようにみえるが，点 a, b と関数 $f(x)$ に依存している．

次のように変形して使うこともよくある．

1.4 微分係数と導関数 2

平均値の定理の別の表現

(1) $f(b) - f(a) = f'(c)(b-a)$ $(a < c < b)$

(2) $f(b) - f(a) = f'(a + \theta(b-a))(b-a)$ $(0 < \theta < 1)$

注意: c, θ は定数のようにみえるが，点 a, b と関数 $f(x)$ に依存している．

□ 例題 1.4.1 $f(x) = e^x$ に対し，次を満たす c, θ を求めよ．

(1) $f(x) - f(0) = f'(c)x$ $(0 < c < x)$

(2) $f(x) - f(0) = f'(\theta x)x$ $(0 < \theta < 1)$

【解】 (1) $e^x - 1 = e^c x$ から $c = \log \dfrac{e^x - 1}{x}$.

(2) $e^x - 1 = e^{\theta x} x$ から $\theta = \dfrac{1}{x} \log \dfrac{e^x - 1}{x}$. ∎

平均値の定理を使うと，次の直観的にはあたりまえの事実を数学的に証明できる．

定数関数の特徴づけ

$f(x)$ が定数関数 $\iff$ $f'(x) = 0$.

証明 $f(x)$ が定数関数のとき $f'(x) = 0$ はすぐにわかるので，逆に，$f'(x) = 0$ であるとき $f(x)$ が定数関数であることを示す．$a < x$ とすると，平均値の定理により $f(x) - f(a) = f'(c)(x-a)$ $(a < c < x)$ を満たす c が存在する．仮定から $f'(x) = 0$ であるので，特に $f'(c) = 0$．したがって，$f(x) - f(a) = f'(c)(x-a) = 0$ がわかり，$f(x)$ は定数関数である．$x < a$ のときも同様にしてわかる． ∎

次に，増減表の原理についての例題をみてみよう．

□ 例題 1.4.2 次を示せ．

(1) $f'(x) > 0$ $(a < x < b)$ であるとき $f(x)$ は $[a, b]$ で増加関数である．

(2) $f'(x) < 0$ $(a < x < b)$ であるとき $f(x)$ は $[a, b]$ で減少関数である．

【解】 (1) $x_1 < x_2$ とすると，平均値の定理により $f(x_2) - f(x_1) = f'(c)(x_2 - x_1)$ を満たす点 c $(x_1 < c < x_2)$ が存在する．$f'(c) > 0$ なので，$x_2 > x_1$ のとき

$f(x_2) > f(x_1)$.

(2) (1) と同様にしてできる. ∎

さらに，**2次導関数と変曲点**については以下が知られていた．

2次導関数の符号が変わる点を**変曲点**という．関数のグラフの凹凸は，この点を境として変わる．

> **例題 1.4.3** (1) 関数 $f(x) = e^{-x^2}$ $(-\infty < x < \infty)$ の変曲点を求めよ．
> (2) 関数 $f(x) = x^3 - 3x + 2$ $(-\infty < x < \infty)$ の変曲点を求めよ．
> (3) 関数 $f(x) = xe^{-x}$ $(-\infty < x < \infty)$ の変曲点を求めよ．

【解】 (1) $f''(x) = 2(2x^2 - 1)e^{-x^2}$ より変曲点は $\left(\pm\dfrac{1}{\sqrt{2}}, e^{-\frac{1}{2}}\right)$.

(2) $f''(x) = 6x$ より変曲点は $(0, 2)$.

(3) $f''(x) = (x-2)e^{-x}$ より変曲点は $(2, 2e^{-2})$. ∎

1.4.2 平均値の定理の拡張

平均値の定理は次の 2 つの方向に拡張される．

(1) テイラー展開
(2) コーシーの平均値の定理

ここではまず，テイラー展開に関係する次の命題からはじめる．

> ── 平均値の定理の拡張 ──
> (1) $f(b) = f(a) + f'(a)(b-a) + \dfrac{1}{2}f''(c)(b-a)^2$ $(a < c < b)$
> を満たす点 c が存在する．
> (2) $f(b) = f(a) + f'(a)(b-a) + \dfrac{1}{2}f''(a + \theta(b-a))(b-a)^2$ $(0 < \theta < 1)$
> を満たす θ が存在する．

これを使うと，近似計算の**誤差評価**ができる．

> **例題 1.4.4** 次を示せ．
> (1) $|\sin x - x| \leq \dfrac{1}{2}x^2$
> (2) $|\cos x - 1| \leq \dfrac{1}{2}x^2$

(3)　$|e^{0.1} - 1.1| \leqq \dfrac{3}{200}$

【解】　(1), (2)　$f(x) = f(0) + f'(0)x + \dfrac{1}{2}f''(\theta)x^2 \ (0 < \theta < 1)$ を使う.

(3)　$|e^x - 1 - x| = \dfrac{1}{2}e^\theta x^2 \leqq \dfrac{3}{2}x^2 \ (0 < \theta < 1)$ に $x = 0.1$ を代入すればよい.　∎

1.4.3　関数のグラフ

グラフを描く際には，次の点に注意する.

(1)　関数の増減
(2)　$x \to \pm\infty$ における漸近線
(3)　極値 (極大値, 極小値)
(4)　変曲点
(5)　グラフの対称性

□ **例題 1.4.5**　次の関数のグラフを描け.

(1)　$y = e^{-x^2} \ (-\infty < x < \infty)$
(2)　$y = xe^{-x^2} \ (-\infty < x < \infty)$
(3)　$y = \dfrac{e^x - e^{-x}}{e^x + e^{-x}} \ (-\infty < x < \infty)$

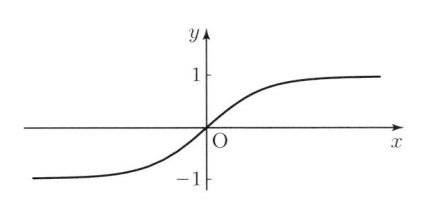

【解】　(1), (2)　省略.
(3)

図 1.5　関数 $y = \dfrac{e^x - e^{-x}}{e^x + e^{-x}}$ のグラフ

● **練習問題 1.4.1**　次の関数のグラフを描け.

(1)　$y = \tan x \ (-\infty < x < \infty)$
(2)　$y = \dfrac{x}{1 + x^2} \ (-\infty < x < \infty)$

● 練習問題 1.4.2 次の関数のグラフを描け.
(1) $y = e^{-|x|} \ (-\infty < x < \infty)$
(2) $y = xe^{-x} \ (-\infty < x < \infty)$

❏ 例題 1.4.6 (1) 関数 $y = \dfrac{\log x}{x} \ (0 < x < \infty)$ のグラフを描け.
(2) $a^b = b^a \ (a, b \in \mathbb{N})$ を満たす自然数 $a, b \ (a \neq b)$ を求めよ.

【解】 (1) 省略.
(2) $a = 2, \ b = 4$, または $a = 4, \ b = 2$. ∎

1.4.4 不等式への応用

❏ 例題 1.4.7 次の不等式を示せ.
$$ab \leqq \frac{a^p}{p} + \frac{b^q}{q} \quad \left(\frac{1}{p} + \frac{1}{q} = 1, \ p > 0, \ q > 0\right)$$

【解】 $f(x) = \dfrac{a^p}{p} + \dfrac{x^q}{q} - ax$ とおくと $f'(x) = x^{q-1} - a$ である. ここで, $f'(x) = 0$ となるのは $x = a^{\frac{1}{q-1}}$ のときである. $a^{\frac{q}{q-1}} = a^p$ であるので,

$$f(a^{\frac{1}{q-1}}) = \frac{a^p}{p} + \frac{a^{\frac{q}{q-1}}}{q} - aa^{\frac{1}{q-1}} = a^p\left(\frac{1}{p} + \frac{1}{q} - 1\right) = 0.$$

$$\therefore \ f(x) \geqq f(a^{\frac{1}{q-1}}) = 0 \quad (x \geqq 0)$$

特に $x = b$ とすると $f(b) \geqq 0$ であるので $\dfrac{a^p}{p} + \dfrac{b^q}{q} \geqq ab$. ∎

注意: この不等式はヤングの不等式とよばれている.

❏ 例題 1.4.8 次の不等式を示せ.
$$e^x \geqq 1 + x \quad (0 \leqq x < \infty)$$

【解】 $f(x) = e^x - 1 - x$ とおくと, $f'(x) = e^x - 1$ である. $x \geqq 0$ のとき, $f'(x) = e^x - 1 \geqq 0$ であるので, $f(x)$ は $x \geqq 0$ で増加関数である. ゆえに, $f(x) \geqq f(0) = 0$. ∎

1.4 微分係数と導関数 2

●**練習問題 1.4.3** 不等式 $e^x \geqq 1 + x + \dfrac{x^2}{2}$ $(0 \leqq x < \infty)$ を示せ.

●**練習問題 1.4.4** 不等式 $e^x \geqq \displaystyle\sum_{n=0}^{N} \dfrac{x^n}{n!}$ $(0 \leqq x < \infty)$ を示せ.

●**練習問題 1.4.5** 次の不等式を示せ.

(1) $e^{-x^2} \leqq \dfrac{1}{1+x^2}$ $(-\infty < x < \infty)$

(2) $\displaystyle\int_0^R e^{-x^2}\,dx < \int_0^R \dfrac{dx}{1+x^2}$ $(R > 0)$

(3) $\displaystyle\int_0^\infty e^{-x^2}\,dx < \dfrac{\pi}{2}$

1.5 双曲線関数

大学レベルの数学では，双曲線関数もよく使用される[17]．

1.5.1 双曲線関数の定義

双曲線関数の定義

(1) $\cosh x = \dfrac{e^x + e^{-x}}{2}$

(2) $\sinh x = \dfrac{e^x - e^{-x}}{2}$

(3) $\tanh x = \dfrac{e^x - e^{-x}}{e^x + e^{-x}}$

双曲線関数という名前の由来： $X = \cosh x$, $Y = \sinh x$ とおくと $\cosh^2 x - \sinh^2 x = 1$ であるので $X^2 - Y^2 = 1$. これは**双曲線**を表す．いい換えると双曲線関数は，双曲線の媒介変数表示を与えているのである．

注意： $\cosh x$ のグラフは，**懸垂線**(カテナリー，Catenary) ともよばれる．町のいたるところで見ることができる．紐を 1 本用意して紐の両端を持って垂らせば，それが懸垂線である．

1.5.2 双曲線関数の基本公式

双曲線関数の公式

(1) $\cosh^2 x - \sinh^2 x = 1$ (2) $\tanh x = \dfrac{\sinh x}{\cosh x}$

証明 (1) $(\cosh x)^2 - (\sinh x)^2 = \left(\dfrac{e^x + e^{-x}}{2}\right)^2 - \left(\dfrac{e^x - e^{-x}}{2}\right)^2$

$= \dfrac{e^{2x} + 2 + e^{-2x} - e^{2x} + 2 - e^{-2x}}{4} = \dfrac{4}{4} = 1$

(2) は定義から明らかなので省略する． ∎

---

[17] 定義はたいしたことはない．怖がる必要もない．関数電卓にはもちろん標準搭載されている．

1.5 双曲線関数

> **例題 1.5.1** $X = \cosh x$, $Y = \sinh x$ とおくと $X^2 - Y^2 = 1$ であることを示せ.

【解】 $X^2 - Y^2 = (\cosh x)^2 - (\sinh x)^2 = (\cosh x + \sinh x)(\cosh x - \sinh x)$
$$= e^x \cdot e^{-x} = 1 \qquad \blacksquare$$

> **例題 1.5.2** 次の関数のグラフを描け.
> (1) $y = \cosh x$　　(2) $y = \sinh x$　　(3) $y = \tanh x$

【解】

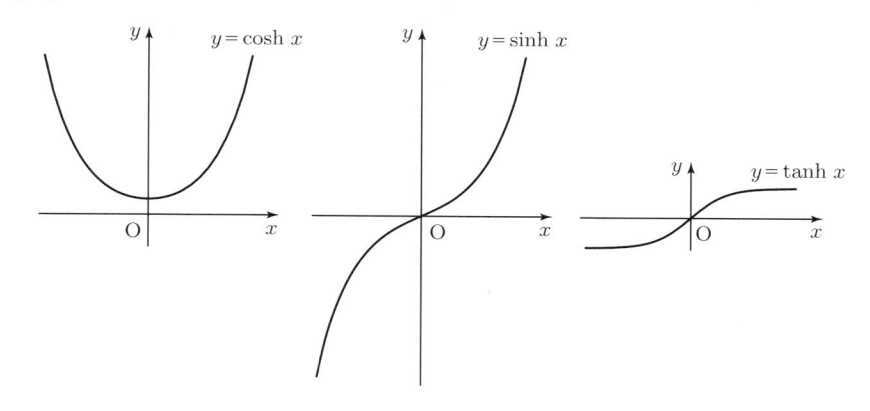

図 1.6 関数 $y = \cosh x$, $y = \sinh x$, $y = \tanh x$ のグラフ

> **例題 1.5.3** 次の値を求めよ.
> (1) $\displaystyle\lim_{x \to +\infty} \tanh x$ 　　(2) $\displaystyle\lim_{x \to -\infty} \tanh x$
> (3) $\displaystyle\lim_{x \to +\infty} (\cosh x - \sinh x)$ 　　(4) $\displaystyle\lim_{x \to -\infty} (\cosh x - \sinh x)$

【解】 (1) $\displaystyle\lim_{x \to +\infty} \tanh x = \lim_{x \to +\infty} \frac{e^x - e^{-x}}{e^x + e^{-x}} = \lim_{x \to +\infty} \frac{1 - e^{-2x}}{1 + e^{-2x}} = 1$

(2) $\displaystyle\lim_{x \to -\infty} \tanh x = \lim_{x \to -\infty} \frac{e^x - e^{-x}}{e^x + e^{-x}} = \lim_{x \to -\infty} \frac{e^{2x} - 1}{e^{2x} + 1} = -1$

(3) $\displaystyle\lim_{x \to +\infty} (\cosh x - \sinh x) = \lim_{x \to +\infty} e^{-x} = 0$

(4) $\displaystyle\lim_{x \to -\infty} (\cosh x - \sinh x) = \lim_{x \to -\infty} e^{-x} = \infty \qquad \blacksquare$

1.5.3 双曲線関数の逆関数

□ **例題 1.5.4** (双曲線関数の逆関数)　x, y が次の関係を満たしているとき，y を x を用いて表せ．

(1)　$x = \cosh y$　　(2)　$x = \sinh y$　　(3)　$x = \tanh y$

【解】　すべて同じ方針で解くことができるので (2) のみ示す．

(2)　$x = \sinh y$ より $x = \dfrac{e^y - e^{-y}}{2}$．$X = e^y$ とおくと $e^{-y} = \dfrac{1}{e^y} = \dfrac{1}{X}$ なので $X - X^{-1} = 2y$．両辺に X をかけて $X^2 - 1 = 2yX$．$X^2 - 2yX - 1 = 0$ を解くと $X = y \pm \sqrt{1 + y^2}$．ここで $X = e^y > 0$ であるので $X = y + \sqrt{1 + y^2}$ となる．両辺の対数を考えると $x = \log(y + \sqrt{1 + y^2})$．

(1) の答え：$x = \log(y \pm \sqrt{y^2 - 1})$．

(3) の答え：$x = \dfrac{1}{2} \log \left(\dfrac{1 + y}{1 - y} \right)$.　∎

● **練習問題 1.5.1**　次の式を満たす x の値を求めよ．

(1)　$\sinh x = 1$　　(2)　$\tanh x = \dfrac{1}{2}$

□ **例題 1.5.5** (双曲線関数の導関数)　次を示せ．

(1)　$\dfrac{d \cosh x}{dx} = \sinh x$　　(2)　$\dfrac{d \sinh x}{dx} = \cosh x$

【解】　(1)　$\dfrac{d \cosh x}{dx} = \dfrac{d}{dx} \left(\dfrac{e^x + e^{-x}}{2} \right) = \dfrac{e^x - e^{-x}}{2} = \sinh x$

(2)　$\dfrac{d \sinh x}{dx} = \dfrac{d}{dx} \left(\dfrac{e^x - e^{-x}}{2} \right) = \dfrac{e^x + e^{-x}}{2} = \cosh x$　∎

● **練習問題 1.5.2**　(1)　$\dfrac{d \tanh x}{dx}$ を求めよ．

(2)　不等式 $\dfrac{d \tanh x}{dx} \leqq 1$ を示せ．

ここで，双曲線関数の積分も計算してみよう (積分定数 C は省略する)．

1.5 双曲線関数

> **例題 1.5.6**（双曲線関数を含む積分） 次の不定積分を求めよ.
>
> (1) $\displaystyle\int \cosh x \, dx$ (2) $\displaystyle\int \sinh x \, dx$ (3) $\displaystyle\int \tanh x \, dx$

【解】 (1) $\displaystyle\int \cosh x \, dx = \sinh x$ (2) $\displaystyle\int \sinh x \, dx = \cosh x$

(3) $\displaystyle\int \tanh x \, dx = \log(e^x + e^{-x})$ ∎

1.5.4 双曲線関数の種々の問題

> **例題 1.5.7** 次の極限値を求めよ.
> $$\lim_{R \to \infty} \left\{ \int_0^R \tanh x \, dx - R \right\}$$

【解】
$$\int_0^R \tanh x \, dx - R = \log(e^R + e^{-R}) - R$$
$$= \log(e^R + e^{-R}) - \log e^R = \log(1 + e^{-2R})$$

なので
$$\lim_{R \to \infty} \left\{ \int_0^R \tanh x \, dx - R \right\} = \lim_{R \to \infty} \log(1 + e^{-2R}) = 0.$$
∎

> **例題 1.5.8** $f(x) = \cosh x$ とおく. 次の積分の値を求めよ.
> $$\int_0^a \sqrt{1 + f'(x)^2} \, dx$$

【解】 $\displaystyle\int_0^a \sqrt{1 + f'(x)^2} \, dx = \int_0^a \sqrt{1 + \sinh^2 x} \, dx = \int_0^a \cosh x \, dx = \sinh a$ ∎

● **練習問題 1.5.3** $g(x) = \sinh x$ とおく. $\displaystyle\int_0^a \sqrt{g'(x)^2 - 1} \, dx$ の値を求めよ.

● **練習問題 1.5.4** $h(x) = \tanh x$ とおく.

(1) $\displaystyle\int_0^a \sqrt{1 - h'(x)} \, dx$ の値を求めよ.

(2) $\displaystyle\int_0^a \sqrt{1 - h'(x)} \, dx = \log 2$ を満たす x の値を求めよ.

例題 1.5.9 $\displaystyle\int_0^R \frac{1}{\sqrt{x^2+1}}\,dx$ の値を求めよ．

【解】 $x = \sinh t$ とおくと，$dx = \cosh t\,dt$．ここで $x = R$ のとき $t = \log(R + \sqrt{1+R^2}\,)$ である．

$$\sqrt{x^2+1} = \sqrt{\sinh^2 t + 1} = \cosh t, \quad dt = \frac{dx}{\cosh t} = \frac{dx}{\sqrt{x^2+1}}.$$

$$\therefore\ \int_0^R \frac{1}{\sqrt{x^2+1}}\,dx = \int_0^{\log(R+\sqrt{1+R^2}\,)} 1\,dt = \log(R + \sqrt{1+R^2}\,) \blacksquare$$

例題 1.5.10 $\displaystyle\int \sqrt{x^2+1}\,dx$ を求めよ．

【解】 $x = \sinh t$ とおくと，$dx = \cosh t\,dt$．ここで，

$$\sqrt{x^2+1} = \sqrt{\sinh^2 t + 1} = \cosh t,$$

$$\therefore\ \int \sqrt{x^2+1}\,dx = \int \cosh^2 t\,dt$$

$$= \int \frac{e^{2t} + e^{-2t} + 2}{4}\,dt = \frac{e^{2t} - e^{-2t}}{8} + \frac{t}{2}$$

$$= \frac{1}{2}\cosh t \sinh t + \frac{t}{2}$$

$$= \frac{1}{2}x\sqrt{x^2+1} + \frac{1}{2}\log(x + \sqrt{x^2+1})$$

【別解】 $t = x + \sqrt{1+x^2}$ とおくと，$\dfrac{1}{t} = \dfrac{1}{x + \sqrt{1+x^2}} = -x + \sqrt{1+x^2}$．
$x = \dfrac{1}{2}\left(t - \dfrac{1}{t}\right)$，$\sqrt{1+x^2} = \dfrac{1}{2}\left(t + \dfrac{1}{t}\right)$ を利用してもできる． $\blacksquare$

1.6　逆三角関数

　中学，高校で習う関数だけですべての積分が計算できればよいのであるが，残念ながら現実は，そうはなってない．そこで関数の世界を拡張する．「逆三角関数」という数学的概念が導入され，世界が非常に広がる．逆三角関数にはいくつかの種類がある．ここでまとめておく[18]．

逆三角関数の種類

$\sin^{-1} x \quad (\arcsin x)$

$\cos^{-1} x \quad (\arccos x)$

$\tan^{-1} x \quad (\arctan x)$

注意：$\sin^{-1} x$ と $\dfrac{1}{\sin x}$ は同じではない！　まったくの別物である．

逆三角関数の定義

(1)　$y = \arcsin x \iff x = \sin y \quad \left(-\dfrac{\pi}{2} \leqq y \leqq \dfrac{\pi}{2}\right)$

(2)　$y = \arccos x \iff x = \cos y \quad (0 \leqq y \leqq \pi)$

(3)　$y = \arctan x \iff x = \tan y \quad \left(-\dfrac{\pi}{2} < y < \dfrac{\pi}{2}\right)$

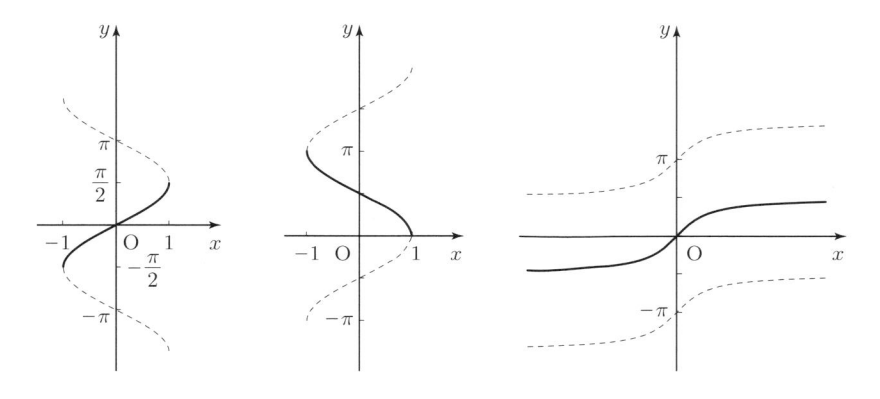

図 1.7　逆三角関数 $y = \arcsin x$, $y = \arccos x$, $y = \arctan x$ のグラフ

---

[18]　逆三角関数は，関数電卓には標準搭載されている．

1.6.1 三角関数の復習

三角関数の基本公式 I

$\sin(0) = 0, \quad \cos(0) = 1,$

$\cos\left(\dfrac{\pi}{2}\right) = 0, \quad \sin\left(\dfrac{\pi}{2}\right) = 1,$

$\tan\left(\dfrac{\pi}{4}\right) = 1, \quad \cos\left(\dfrac{\pi}{4}\right) = \dfrac{1}{\sqrt{2}}, \quad \sin\left(\dfrac{\pi}{4}\right) = \dfrac{1}{\sqrt{2}},$

$\cos\left(\dfrac{\pi}{3}\right) = \dfrac{1}{\sqrt{2}}, \quad \sin\left(\dfrac{\pi}{3}\right) = \dfrac{\sqrt{3}}{2},$

$\cos\left(\dfrac{\pi}{6}\right) = \dfrac{\sqrt{3}}{2}, \quad \sin\left(\dfrac{\pi}{6}\right) = \dfrac{1}{2}$

三角関数の基本公式 II

$\sin(\alpha + \beta) = \sin\alpha\cos\beta + \cos\alpha\sin\beta$

$\cos(\alpha + \beta) = \cos\alpha\cos\beta - \sin\alpha\sin\beta$

$\tan(\alpha + \beta) = \dfrac{\tan\alpha + \tan\beta}{1 - \tan\alpha\tan\beta}$

$\cos(2x) = 2\cos^2 x - 1$

$\sin(2x) = 2\sin x \cos x$

$\tan(2x) = \dfrac{2\tan x}{1 - \tan^2 x}$

$\cos(3x) = 4\cos^3 x - 3\cos x$

$\sin(3x) = -4\sin^3 x + 3\sin x$

□ **例題 1.6.1** $\tan\dfrac{\theta}{2} = t$ とおく. 次を示せ.

(1) $\cos\theta = \dfrac{1 - t^2}{1 + t^2}$ (2) $\sin\theta = \dfrac{2t}{1 + t^2}$ (3) $\tan\theta = \dfrac{2t}{1 - t^2}$

【解】 (1) $\cos\theta = 2\cos^2\dfrac{\theta}{2} - 1 = \dfrac{2}{1 + \tan^2\frac{\theta}{2}} - 1 = \dfrac{2}{1 + t^2} - 1 = \dfrac{1 - t^2}{1 + t^2}$

(2) $\sin\theta = 2\sin\dfrac{\theta}{2}\cos\dfrac{\theta}{2} = \dfrac{2\sin\frac{\theta}{2}\cos\frac{\theta}{2}}{\sin^2\frac{\theta}{2} + \cos^2\frac{\theta}{2}} = \dfrac{2\tan\frac{\theta}{2}}{1 + \tan^2\frac{\theta}{2}} = \dfrac{2t}{1 + t^2}$

(3) $\tan\theta = \tan 2\cdot\dfrac{\theta}{2} = \dfrac{2\tan\frac{\theta}{2}}{1 - \tan^2\frac{\theta}{2}} = \dfrac{2t}{1 - t^2}$

1.6 逆三角関数

【別解】 直線 $y = t(x+1)$ と円 $x^2 + y^2 = 1$ の交点を t を使って表してもできる. ∎

● **練習問題 1.6.1** 次の関数の定義を述べよ: $\sin^{-1} x,\ \cos^{-1} x,\ \tan^{-1} x$.

逆三角関数の微分の公式を次にまとめておく.

逆三角関数の微分の公式

$$\frac{d\sin^{-1} x}{dx} = \frac{1}{\sqrt{1-x^2}}$$

$$\frac{d\cos^{-1} x}{dx} = \frac{-1}{\sqrt{1-x^2}}$$

$$\frac{d\tan^{-1} x}{dx} = \frac{1}{1+x^2}$$

ここで, 逆三角関数の数値計算例をあげておこう.

$$\sin^{-1}(1) = \frac{\pi}{2}, \quad \cos^{-1}(1) = 0, \quad \tan^{-1}(1) = \frac{\pi}{4}$$

□ **例題 1.6.2** (逆三角関数の数値計算) 次の数値を求めよ.

(1) $\sin^{-1}\left(\frac{1}{2}\right)$ (2) $\cos^{-1}(-1)$ (3) $\tan^{-1}(-1)$

【解】 (1) $\dfrac{\pi}{6}$ (2) π (3) $-\dfrac{\pi}{4}$ ∎

1.6.2 逆三角関数の導関数の公式の証明

例えば,

$$\frac{d\arctan x}{dx} = \frac{1}{1+x^2}, \quad \frac{d\arcsin x}{dx} = \frac{1}{\sqrt{1-x^2}}, \quad \frac{d\arccos x}{dx} = \frac{-1}{\sqrt{1-x^2}}$$

であった. これを以下で確認する.

まず, 逆関数の微分の公式からはじめよう.

準備 (逆関数の微分の公式)

$$\frac{dx}{dy} = \frac{1}{\frac{dy}{dx}}$$

証明 $\dfrac{dx}{dy} = \lim_{\Delta y \to 0} \dfrac{\Delta x}{\Delta y} = \lim_{\Delta x \to 0} \dfrac{1}{\frac{\Delta y}{\Delta x}} = \dfrac{1}{\frac{dy}{dx}}$. ∎

□ **例題 1.6.3** $\dfrac{d \arctan x}{dx} = \dfrac{1}{1+x^2}$ を示せ.

証明 $y = \arctan x$ とおく. 定義から $x = \tan y$ $\left(|y| < \dfrac{\pi}{2}\right)$ である.

$$\therefore \quad \frac{d \arctan x}{dx} = \frac{dy}{dx} = \frac{1}{\frac{dx}{dy}} = \frac{1}{\frac{d \tan y}{dy}} = \frac{1}{\frac{1}{\cos^2 y}} = \cos^2 y = \frac{1}{1+\tan^2 y} = \frac{1}{1+x^2}$$ ∎

□ **例題 1.6.4** $\dfrac{d \arcsin x}{dx} = \dfrac{1}{\sqrt{1-x^2}}$ を示せ.

証明 $y = \arcsin x$ とおく. 定義から $x = \sin y$ $\left(|y| \leqq \dfrac{\pi}{2}\right)$ である.

$$\therefore \quad \frac{d \arcsin x}{dx} = \frac{dy}{dx} = \frac{1}{\frac{dx}{dy}} = \frac{1}{\frac{d \sin y}{dy}} = \frac{1}{\cos y} = \frac{1}{\sqrt{1-\sin^2 y}} = \frac{1}{\sqrt{1-x^2}}$$ ∎

注意: $\cos y = \pm\sqrt{1-\sin^2 y}$ であるが, $-\dfrac{\pi}{2} \leqq y \leqq \dfrac{\pi}{2}$ の範囲では $\cos y \geqq 0$ であるので, $\cos y = \sqrt{1-\sin^2 y}$ となる.

● **練習問題 1.6.2** $\dfrac{d \arccos x}{dx} = \dfrac{-1}{\sqrt{1-x^2}}$ を示せ.

1.6.3 逆三角関数の満たす恒等式

□ **例題 1.6.5** 次を示せ.
$$\sin^{-1} x + \cos^{-1} x = \frac{\pi}{2} \quad (-1 \leqq x \leqq 1)$$

【解】 与えられた式の左辺を x について微分すると

$$\frac{d}{dx}(\sin^{-1} x + \cos^{-1} x) = \frac{1}{\sqrt{1-x^2}} - \frac{1}{\sqrt{1-x^2}} = 0$$

となる. したがって,

$$\sin^{-1} x + \cos^{-1} x = C \quad (C : 定数)$$

がわかる．$x=0$ を代入して，$C = \sin^{-1} 0 + \cos^{-1} 0 = \frac{\pi}{2}$. ゆえに，$\sin^{-1} x + \cos^{-1} x = \frac{\pi}{2}$. ∎

❏ 例題 1.6.6 $\arctan x + \arctan \frac{1}{x}$ $(x \neq 0)$ の値を求めよ．

【解】 (1) $\tan^{-1} x + \tan^{-1} \frac{1}{x} = \frac{\pi}{2}$ $(x > 0)$.

別解 3辺が $1, x, \sqrt{1+x^2}$ の直角三角形を考えてもできる．

(2) $\tan^{-1} x + \tan^{-1} \frac{1}{x} = -\frac{\pi}{2}$ $(x < 0)$. ∎

❏ 例題 1.6.7 $\arctan \frac{1}{3} + \arctan \frac{1}{2}$ の値を求めよ．

【解】 $a = \arctan \frac{1}{3}$, $b = \arctan \frac{1}{2}$ とおくと，$\tan a = \frac{1}{3}$, $\tan b = \frac{1}{2}$ である．したがって，

$$\tan(a+b) = \frac{\tan a + \tan b}{1 - \tan a \tan b} = \frac{\frac{1}{2} + \frac{1}{3}}{1 - \frac{1}{2}\frac{1}{3}} = 1. \text{ よって } a+b = \frac{\pi}{4}.$$ ∎

● **練習問題 1.6.3** $\arcsin \frac{3}{5} + \arcsin \frac{4}{5}$ の値を求めよ．

● **練習問題 1.6.4** 次の式の値を求めよ．
 (1) $\arcsin \left(\frac{1}{\sqrt{2}}\right)$ (2) $\arctan \left(\frac{1}{\sqrt{3}}\right)$ (3) $\arccos(-1)$

● **練習問題 1.6.5** $x = \tan^{-1} \left(\frac{1}{5}\right)$ であるとき，$\tan 2x, \tan 4x$ の値を求めよ．

1.6.4 逆三角関数のでてくる積分の例

次が知られている．

逆三角関数のでてくる積分の例

(1) $\displaystyle\int \frac{1}{1+x^2} dx = \arctan x = \tan^{-1} x$

(2) $\displaystyle\int \frac{1}{\sqrt{1-x^2}} dx = \arcsin x = \sin^{-1} x$

(3) $\displaystyle\int \frac{-1}{\sqrt{1-x^2}}\,dx = \arccos x = \cos^{-1} x$

ここで定積分を計算してみよう．

□ **例題 1.6.8**
(1) $\displaystyle\int_0^1 \frac{1}{1+x^2}\,dx$ (2) $\displaystyle\int_0^1 \frac{1}{\sqrt{1-x^2}}\,dx$ (3) $\displaystyle\int_0^1 \frac{-1}{\sqrt{1-x^2}}\,dx$

【解】 (1) $\displaystyle\int_0^1 \frac{1}{1+x^2}\,dx = \left[\tan^{-1} x\right]_0^1 = \tan^{-1}(1) - \tan^{-1}(0) = \frac{\pi}{4}$

(2) $\displaystyle\int_0^1 \frac{1}{\sqrt{1-x^2}}\,dx = \left[\sin^{-1} x\right]_0^1 = \sin^{-1}(1) - \sin^{-1}(0) = \frac{\pi}{2}$

(3) $\displaystyle\int_0^1 \frac{-1}{\sqrt{1-x^2}}\,dx = \left[\cos^{-1} x\right]_0^1 = \cos^{-1}(1) - \cos^{-1}(0) = -\frac{\pi}{2}$

【別解】 (1) $x = \tan\theta$ とおくと $dx = \dfrac{1}{\cos^2\theta}\,d\theta = (1+\tan^2\theta)\,d\theta = (1+x^2)\,d\theta$. よって $d\theta = \dfrac{dx}{1+x^2}$. したがって，

$$\int_0^1 \frac{1}{1+x^2}\,dx = \int_0^{\pi/4} d\theta = \frac{\pi}{4}.$$

(2) $x = \sin\theta$ とおくと $dx = \cos\theta\,d\theta$, $\sqrt{1-x^2} = \cos\theta$. よって

$$\int_0^1 \frac{1}{\sqrt{1-x^2}}\,dx = \int_0^{\pi/2} d\theta = \frac{\pi}{2}.$$

(3) 省略． ■

次に，以下の計算をしてみよう．

□ **例題 1.6.9** (1) $\displaystyle\lim_{R\to\infty}\int_0^R \frac{1}{1+x^2}\,dx$ (2) $\displaystyle\lim_{R\to\infty}\int_{-R}^R \frac{1}{1+x^2}\,dx$

【解】 (1) $\displaystyle\lim_{R\to\infty}\int_0^R \frac{1}{1+x^2}\,dx = \lim_{R\to\infty}\left[\arctan x\right]_0^R$

$$= \lim_{R\to\infty}(\arctan(R) - \arctan(0))$$

$$= \arctan(+\infty) - \arctan(0) = \frac{\pi}{2}.$$

(2) $\displaystyle\lim_{R\to\infty}\int_{-R}^{+R}\frac{1}{1+x^2}\,dx = \lim_{R\to\infty}\big[\arctan(+R)-\arctan(-R)\big]$
$$= \frac{\pi}{2}-\left(\frac{-\pi}{2}\right)=\pi.$$

【別解】 $x=\tan\theta$ とおくと $dx=\dfrac{1}{\cos^2\theta}\,d\theta=(1+\tan^2\theta)\,d\theta=(1+x^2)\,d\theta$. したがって,

(1) $\displaystyle\int_0^\infty \frac{1}{1+x^2}\,dx = \int_0^{\pi/2} d\theta = \frac{\pi}{2}.$

(2) $\displaystyle\int_{-\infty}^\infty \frac{1}{1+x^2}\,dx = \int_{-\pi/2}^{\pi/2} d\theta = \frac{\pi}{2}-\left(\frac{-\pi}{2}\right)=\pi.$ ∎

上の例題の類題を解いてみよう.

例題 1.6.10 $\displaystyle\lim_{R\to\infty}\int_1^R \frac{1}{1+x^2}\,dx$ を求めよ.

【解】 $\displaystyle\lim_{R\to\infty}\int_1^R \frac{1}{1+x^2}\,dx = \lim_{R\to\infty}\big[\arctan x\big]_1^R$
$$=\lim_{R\to\infty}(\arctan(R)-\arctan(1))=\frac{\pi}{2}-\frac{\pi}{4}=\frac{\pi}{4}.$$

【別解】 $x=\tan\theta$ とおくと $dx=\dfrac{1}{\cos^2\theta}\,d\theta=(1+\tan^2\theta)\,d\theta=(1+x^2)\,d\theta$. したがって,
$$\int_1^\infty \frac{1}{1+x^2}\,dx = \int_{\pi/4}^{\pi/2} d\theta = \frac{\pi}{4}.$$ ∎

例題 1.6.11 $\displaystyle\int \sqrt{1-x^2}\,dx$ を求めよ.

【解】 $x=\sin t$ とおくと $dx=\cos t$, $\sqrt{1-x^2}=\cos t$ である. したがって,
$$\int \sqrt{1-x^2}\,dx = \int \cos^2 t\,dt$$
$$= \int \frac{1+\cos 2t}{2}\,dt = \frac{t}{2}+\frac{\sin 2t}{4}$$
$$= \frac{t}{2}+\frac{\sin t\cos t}{2} = \frac{1}{2}\big\{\sin^{-1}x + x\sqrt{1-x^2}\big\}.$$

【別解】 部分積分法を利用する．

$$\int \sqrt{1-x^2}\, dx = \int 1 \cdot \sqrt{1-x^2}\, dx$$

$$= \int (x)' \sqrt{1-x^2}\, dx$$

$$= x\sqrt{1-x^2} - \int x\left(\sqrt{1-x^2}\right)' dx$$

$$= x\sqrt{1-x^2} + \int \frac{x^2}{\sqrt{1-x^2}}\, dx$$

$$= x\sqrt{1-x^2} - \int \sqrt{1-x^2}\, dx + \int \frac{1}{\sqrt{1-x^2}}\, dx.$$

右辺の $-\int \sqrt{1-x^2}\, dx$ を左辺に移項すると

$$2\int \sqrt{1-x^2}\, dx = \left\{\sin^{-1} x + x\sqrt{1-x^2}\right\}.$$

以上から

$$\int \sqrt{1-x^2}\, dx = \frac{1}{2}\left\{\sin^{-1} x + x\sqrt{1-x^2}\right\}. \qquad \blacksquare$$

● **練習問題 1.6.6** $\int_0^{\frac{1}{2}} \dfrac{1}{\sqrt{1-x^2}}\, dx$ の値を求めよ．

1.7 合成関数の微分法

1.7.1 合成関数の定義

2つの関数 $f(x), g(y)$ に対し $f(g(y)), g(f(x))$ を考え，これらを関数 $f(x)$ と関数 $g(y)$ の**合成関数**という．合成関数とは，要するに代入のことである．

合成関数の例をあげる．$f(x) = x^2$, $g(y) = e^y$ とおく．このとき，

(1) $g(f(x)) = g(x^2) = e^{x^2}$,

(2) $f(g(y)) = f(e^y) = (e^y)^2 = e^{2y}$

である．

● **練習問題 1.7.1** $f(x) = e^x$, $g(y) = \sin y$ とおく．次の合成関数を求めよ．

(1) $g(f(x))$ (2) $f(g(y))$

□ **例題 1.7.1** $f(x) = x^2$ とおく．

(1) 関数 $f(x)$ の n 回の合成関数 $f_n(x)$ を求めよ．

(2) $\lim_{n \to \infty} f_n(x)$ を求めよ．

【解】 (1) $f_n(x) = x^{2^{n+1}}$.

(2) $|x| < 1$ のとき 0, $x = \pm 1$ のとき 1, $|x| > 1$ のとき ∞. ■

□ **例題 1.7.2** $f(x) = 2x^2 - 1$ とおく．

(1) $f(\cos\theta)$ を求めよ．

(2) $f\left(\dfrac{1}{2}\left(t + \dfrac{1}{t}\right)\right)$ を求めよ．

(3) 関数 $f(x)$ の n 回の合成関数 $f_n(x)$ を求めよ．

(4) $\lim_{n \to \infty} f_n(x) \ (|x| > 1)$ を求めよ．

【解】 (1) $\cos 2\theta$

(2) $\dfrac{1}{2}\left(t^2 + \dfrac{1}{t^2}\right)$

(3) $|x| \leqq 1$ のとき $\cos(2^n \theta)$, $|x| \geqq 1$ のとき $\dfrac{1}{2}\left(t^{2^n} + \dfrac{1}{t^{2^n}}\right)$.

(4) $\lim_{n \to \infty} f_n(x) = \infty$ ■

1.7.2　合成関数の微分の公式

次が最も重要な公式である．

合成関数の微分の公式

$z = z(y)$, $y = y(x)$ とする.

(1) $\dfrac{dz(y(x))}{dx} = \dfrac{dz(y)}{dy}\dfrac{dy(x)}{dx}$

(2) $\dfrac{dz}{dx} = \dfrac{dz}{dy}\dfrac{dy}{dx}$

証明　$\Delta z = z(y + \Delta y) - z(y)$, $\Delta y = y(x + \Delta x) - y(x)$ とおく.

$$\dfrac{dz(y(x))}{dx} = \lim_{\Delta x \to 0}\dfrac{z(y(x+\Delta x)) - z(y(x))}{\Delta x} = \lim_{\Delta x \to 0}\dfrac{z(y(x)+\Delta y)) - z(y(x))}{\Delta y}\dfrac{\Delta y}{\Delta x}$$

$$= \lim_{\Delta x \to 0}\dfrac{z(y(x)+\Delta y)) - z(y(x))}{\Delta y} \cdot \lim_{\Delta x \to 0}\dfrac{\Delta y}{\Delta x}$$

$$= \dfrac{dz(y)}{dy}\dfrac{dy(x)}{dx}.$$ ∎

注意 (合成関数の微分の公式の意味)：$y = f(x)$ のグラフ $\{(x, f(x)) : a \leqq x \leqq b\}$ に $x = x(t)$ ($\alpha \leqq t \leqq \beta$) を代入すると，平面曲線 $\{(x(t), f(x(t))) : \alpha \leqq t \leqq \beta\}$ ができる．この平面曲線の接線ベクトルは $\left(\dfrac{dx(t)}{dt}, \dfrac{df(x(t))}{dt}\right)$ である．これは $y = f(x)$ の法線ベクトル $\left(\dfrac{df(x)}{dx}, -1\right)$ に垂直なので，内積を計算するとゼロである．つまり，$\dfrac{dx(t)}{dt}\dfrac{df(x)}{dx} + \dfrac{df(x(t))}{dt}(-1) = 0$ となる．すなわち，

$$\dfrac{df(x(t))}{dt} = \dfrac{dx(t)}{dt}\dfrac{df(x)}{dx}$$

これが合成関数の微分の公式の意味である．

合成関数の微分の公式として，まず対数微分の公式からはじめよう．

対数微分の公式

$$\dfrac{d\log|f(x)|}{dx} = \dfrac{f'(x)}{f(x)}$$

証明　$y = f(x)$ とおく.

1.7 合成関数の微分法

$$\frac{d\log|f(x)|}{dx} = \frac{d\log|y|}{dx} = \frac{d\log y}{dy}\frac{dy}{dx} = \frac{1}{y}\frac{dy}{dx} = \frac{1}{f(x)}f'(x) = \frac{f'(x)}{f(x)}$$ ∎

❑ 例題 1.7.3 $\dfrac{d\log|\cos x|}{dx}$ を求めよ．

【解】 対数微分の公式から，$\dfrac{d\log|\cos x|}{dx} = \dfrac{(\cos x)'}{\cos x} = \dfrac{-\sin x}{\cos x} = -\tan x.$ ∎

● **練習問題 1.7.2** $\dfrac{d\log(x^2+1)}{dx}$ を求めよ．

❑ 例題 1.7.4 $\dfrac{de^{f(x)}}{dx} = f'(x)e^{f(x)}$ を示せ．

【解】 $y = f(x)$ とおく．

$$\frac{de^{f(x)}}{dx} = \frac{de^y}{dx} = \frac{de^y}{dy}\frac{dy}{dx} = e^y\frac{dy}{dx} = f'(x)e^{f(x)}$$ ∎

❑ 例題 1.7.5 $\dfrac{de^{-x^2}}{dx}$ を求めよ．

【解】 $\dfrac{de^{-x^2}}{dx} = (-x^2)'e^{-x^2} = -2xe^{-x^2}.$ ∎

❑ 例題 1.7.6 $\dfrac{d}{dx}\sqrt{1+x}$ を求めよ．

【解】 $y = 1+x$ とおく．

$$\frac{d\sqrt{1+x}}{dx} = \frac{d\sqrt{y}}{dx} = \frac{dy^{\frac{1}{2}}}{dy}\frac{dy}{dx} = \frac{1}{2}y^{-\frac{1}{2}} = \frac{1}{2\sqrt{1+x}}$$ ∎

● **練習問題 1.7.3** (1) $\dfrac{d}{dx}\sqrt{1+x^2}$ を求めよ．

(2) $\dfrac{d}{dx}(x+\sqrt{1+x^2})$ を求めよ．

(3) $\dfrac{d}{dx}\log(x+\sqrt{1+x^2})$ を求めよ．

● 練習問題 1.7.4　$\dfrac{d\tan^{-1}(e^x)}{dx}$ を求めよ.

● 練習問題 1.7.5　$\dfrac{d\log\tanh\frac{x}{2}}{dx}$ を求めよ.

● 練習問題 1.7.6

(1)　$\dfrac{d}{dx}\log(x+\sqrt{a+x^2})$ を求めよ.

(2)　$\dfrac{d}{dx}\log|x-\sqrt{a+x^2}|$ を求めよ.

1.7.3　合成関数の微分法と置換積分の関係

合成関数の微分法と置換積分は, じつは同じことである.

置換積分の公式

$$\int f(y(x))\frac{dy}{dx}\,dx = \int f(y)\,dy$$

□ 例題 1.7.7　$\displaystyle\int \sin x\cos x\,dx$ を求めよ.

【解】　2つの方法で計算することができる.

(i)　$t=\sin x$ とおくと, $dt=\cos x\,dx$. したがって
$$\int \sin x\cos x\,dx = \int t\,dt = \frac{1}{2}t^2 = \frac{1}{2}\sin^2 x.$$

(ii)　倍角公式を使う. $\sin x\cos x = \dfrac{1}{2}\sin 2x$ より,
$$\int \sin x\cos x\,dx = \int \frac{1}{2}\sin 2x\,dx = -\frac{1}{4}\cos 2x.\qquad\blacksquare$$

□ 例題 1.7.8　$\displaystyle\int \dfrac{1}{1+x^2}\,dx$ を求めよ.

【解】　$x=\tan\theta$ とおくと, $dx=\dfrac{1}{\cos^2\theta}\,d\theta=(1+\tan^2\theta)\,d\theta=(1+x^2)\,d\theta$. したがって,

1.7 合成関数の微分法

$$\int \frac{1}{1+x^2}\,dx = \int d\theta = \theta = \arctan x.$$

∎

> ☐ **例題 1.7.9** $\displaystyle\int \frac{1}{\sqrt{1-x^2}}\,dx$ を求めよ.

【解】 $x = \sin\theta$ とおくと, $dx = \cos\theta\,d\theta = \sqrt{1-\sin^2\theta}\,d\theta = \sqrt{1-x^2}\,d\theta$. したがって,

$$\int \frac{1}{\sqrt{1-x^2}}\,dx = \int d\theta = \theta = \arcsin x.$$

∎

1.7.4 合成関数の微分法と逆関数の微分法

関数を合成した結果, 変数の値がもとに戻るのが逆関数の場合である. つまり,

$$y = f(x),\ x = g(y) \implies f(g(y)) = y,\ g(f(x)) = x$$

が成立するわけである. 例えば, $f(x) = e^x$, $g(y) = \log y$ のとき

$$g(f(x)) = \log e^x = x, \qquad f(g(y)) = e^{\log y} = y$$

である.

> **── 逆関数の微分の公式 (再) ──**
>
> $$\frac{dx}{dy} = \frac{1}{\frac{dy}{dx}}$$

証明 $g(f(x)) = x$ の両辺を x について微分すると

$$\frac{dg(f(x))}{dx} = \frac{dx}{dx} = 1.$$

左辺は合成関数の微分法により $\dfrac{dg(f(x))}{dx} = \dfrac{dg}{dy}\dfrac{dy}{dx}$. したがって,

$$\frac{dg}{dy}\frac{dy}{dx} = 1, \qquad \therefore\ \frac{dx}{dy} = \frac{dg}{dy} = \frac{1}{\frac{dy}{dx}}$$

∎

● **練習問題 1.7.7** $\dfrac{d}{dx}\log x = \dfrac{1}{x}$ を示せ.

1.8 ライプニッツの公式

積の微分の公式
$$(f(x)g(x))' = f'(x)g(x) + f(x)g'(x)$$
の n 次導関数版がライプニッツの公式である.

まず,高階導関数の説明からはじめる.高階導関数は,テイラー展開を求めるときにも必要となる.

1.8.1 高階導関数 (n 次導関数)

n 次導関数 $f^{(n)}(x)$ を次のように定義する.

(1) $f^{(0)}(x) = f(x)$

(2) $f^{(n)}(x) = \dfrac{d}{dx} f^{(n-1)}(x)$

n 次導関数の例をあげる.$f(x) = \sin x$ とおくと,
$$f^{(0)}(x) = \sin x, \ f^{(1)}(x) = \cos x, \ f^{(2)}(x) = -\sin x,$$
$$\cdots, \ f^{(n)}(x) = \sin\left(x + \frac{\pi n}{2}\right)$$
である.また,量子力学で調和振動子の固有関数としてでてくる n 次導関数の例として
$$h_n(x) = (-1)^n (2^n n! \sqrt{\pi})^{-1/2} \exp\left(\frac{x^2}{2}\right) \frac{d^n}{dx^n} \exp(-x^2)$$
を n 次のエルミート関数とよぶ.ここで
$$h_0(x) = \pi^{-1/4} \exp(-x^2), \quad h_2(x) = \pi^{-1/4} \frac{4x^2 - 2}{2\sqrt{2}} \exp(-x^2)$$
である[19].

□ **例題 1.8.1** 以下の n 次導関数を求めよ.

(1) $f(x) = e^x$ (2) $f(x) = 2^x$

(3) $f(x) = a^x$ (4) $f(x) = xe^x$

【解】 (1) e^x (2) $(\log 2)^n 2^x$ (3) $(\log a)^n a^x$ (4) $(x + n)e^x$ ■

● **練習問題 1.8.1** $f(x) = xe^{-x}$ の n 次導関数を求めよ.

---
[19] $h_2(x)$ は,メキシカンハットウエーブレットとよばれ,虹彩認証システム等で使用されている.

1.8 ライプニッツの公式

● **練習問題 1.8.2** $f(x) = x^m$ の n 次導関数を求めよ．

● **練習問題 1.8.3** $f(x) = \dfrac{1}{x}$ の n 次導関数を求めよ．

> ❑ **例題 1.8.2** $f(x) = \log x$ の n 次導関数を求めよ．

【解】 $(-1)^{n-1}(n-1)!\, x^{-n}$ ∎

● **練習問題 1.8.4** $f(x) = \log(1+x)$ の n 次導関数を求めよ．

● **練習問題 1.8.5** $f(x) = \dfrac{1}{1+x}$ の n 次導関数を求めよ．

● **練習問題 1.8.6** $f(x) = \dfrac{1}{1-x}$ の n 次導関数を求めよ．

● **練習問題 1.8.7** $f(x) = \log(1-x)$ の n 次導関数を求めよ．

1.8.2 ライプニッツの公式

2つの関数の積の微分の公式

$$(f(x)g(x))' = f'(x)g(x) + f(x)g'(x)$$

の両辺を微分すると

$$(f(x)g(x))'' = f''(x)g(x) + 2f'(x)g'(x) + f(x)g''(x)$$

となる．さらにもう一度微分して整理すると

$$(f(x)g(x))''' = f'''(x)g(x) + 3f''(x)g'(x) + 3f'(x)g''(x) + f(x)g'''(x)$$

となる．ここまでくると二項定理[20]

$$(a+b)^n = \sum_{k=0}^{n} {}_n\mathrm{C}_k a^{n-k} b^k$$

を知っている人は，次の公式を連想するであろう．その推測は正しい!!

---- ライプニッツの公式 ----

$$(f(x)g(x))^{(n)} = \sum_{k=0}^{n} {}_n\mathrm{C}_k f^{(n-k)}(x) g^{(k)}(x)$$

---

[20] ただし，${}_n\mathrm{C}_k$ は $\binom{n}{k}$ と書かれることもある．

● 練習問題 **1.8.8**　数学的帰納法を用いてライプニッツの公式を証明してみよ．

● 練習問題 **1.8.9**　$f(x) = x^2 e^x$ の n 次導関数を求めよ．

● 練習問題 **1.8.10**　$f(x) = x \log x$ の n 次導関数を求めよ．

□ 例題 1.8.3 (ラゲル多項式)　$L_n(x) = e^x \dfrac{d^n}{dx^n} \left(e^{-x} x^n \right)$ は n 次多項式であることを示せ．

【解】　$L_n(x) = e^x \dfrac{d^n}{dx^n} \left(e^{-x} x^n \right) = e^x \displaystyle\sum_{k=0}^{n} {}_n C_k (e^{-x})^{(n-k)} (x^n)^{(k)}$

$= \displaystyle\sum_{k=0}^{n} {}_n C_k (-1)^{(n-k)} n(n-1) \cdots (n-k+1) x^{n-k}$

$= \displaystyle\sum_{k=0}^{n} k! \, ({}_n C_k)^2 (-1)^{(n-k)} x^{n-k}$　■

□ 例題 1.8.4 (ラゲル多項式の例)　次を求めよ．
(1)　$L_1(x)$　　(2)　$L_2(x)$　　(3)　$L_3(x)$

【解】　(1)　$1 - x$　　(2)　$x^2 - 4x + 2$　　(3)　$-x^3 + 9x^2 - 18x + 6$　■

このラゲル多項式は，水素原子の波動関数を表す際に使われる．

1.9 テイラー級数

関数 $f(x)$ の $x=a$ におけるテイラー級数とは

$$f(x) = \sum_{n=0}^{\infty} \frac{f^{(n)}(a)}{n!}(x-a)^n$$

のことである．

まず，その一番簡単な形についてみていこう．

1.9.1 テイラー級数

> **例題 1.9.1** $f(x) = a + bx + cx^2$ のとき，a, b, c を $f(0), f'(0), f''(0)$ を用いて表せ．

【解】 $a = f(0)$, $b = f'(0)$, $c = \dfrac{1}{2}f''(0)$. ∎

> **例題 1.9.2** $f(x) = a + bx + cx^2 + dx^3$ のとき，a, b, c, d を $f(0), f'(0), f''(0), f'''(0)$ を用いて表せ．

【解】 $a = f(0)$, $b = f'(0)$, $c = \dfrac{1}{2}f''(0)$, $d = \dfrac{1}{3!}f'''(0)$. ∎

> **例題 1.9.3** $f(x) = a + bx + cx^2 + dx^3 + ex^4$ のとき，a, b, c, d, e を $f(0), f'(0), f''(0), f'''(0), f^{(4)}(0)$ を用いて表せ．

【解】 $a = f(0)$, $b = f'(0)$, $c = \dfrac{1}{2}f''(0)$, $d = \dfrac{1}{3!}f'''(0)$, $e = \dfrac{1}{4!}f^{(4)}(0)$. ∎

--- テイラー級数 ---

関数 $f(x)$ から

(1) 級数 $\displaystyle\sum_{n=0}^{\infty}\frac{f^{(n)}(0)}{n!}x^n$ をつくる．すると，

$$f(x) = \sum_{n=0}^{\infty}\frac{f^{(n)}(0)}{n!}x^n$$

が成り立つ．これを関数 $f(x)$ の $x=0$ における**テイラー級数**(展開) とい

う[21]．**マクローリン級数**とよぶこともある．

(2) 級数 $\sum_{n=0}^{\infty} \dfrac{f^{(n)}(a)}{n!}(x-a)^n$ をつくる．すると，

$$f(x) = \sum_{n=0}^{\infty} \dfrac{f^{(n)}(a)}{n!}(x-a)^n$$

が成り立つ．これを関数 $f(x)$ の $x=a$ における**テイラー級数**という．

以下に，代表的な関数のテイラー級数をあげておこう．

──── テイラー級数の例 ────

(1) $\sin x = \sum_{n=0}^{\infty} \dfrac{(-1)^n}{(2n+1)!} x^{2n+1} \quad (x \in \mathbb{R})$

(2) $\cos x = \sum_{n=0}^{\infty} \dfrac{(-1)^n}{(2n)!} x^{2n} \quad (x \in \mathbb{R})$

(3) $e^x = \sum_{n=0}^{\infty} \dfrac{1}{n!} x^n \quad (x \in \mathbb{R})$

(4) $\log(1+x) = \sum_{n=1}^{\infty} \dfrac{(-1)^{n-1}}{n} x^n \quad (-1 < x \leqq 1)$

(5) $\log(1-x) = -\sum_{n=1}^{\infty} \dfrac{1}{n} x^n \quad (-1 \leqq x < 1)$

(6) $\tan^{-1} x = \sum_{n=1}^{\infty} \dfrac{(-1)^n}{2n+1} x^{2n+1} \quad (-1 < x \leqq 1)$

(7) $\dfrac{1}{1-x} = \sum_{n=0}^{\infty} x^n \quad (|x| < 1)$

(8) $\dfrac{1}{1+x} = \sum_{n=0}^{\infty} (-1)^n x^n \quad (|x| < 1)$

(9) $\dfrac{1}{a-x} = \sum_{n=0}^{\infty} \dfrac{1}{a^{n+1}} x^n \quad (|x| < |a|)$

---

21) テイラー級数は，アナログデータ $f(x)$ からディジタルデータ $\{f^{(n)}(0)\}_{0}^{\infty}$ を取り出して級数 $\sum_{n=0}^{\infty} \dfrac{f^{(n)}(0)}{n!} x^n$ をつくると，元のアナログデータが再現できることを意味している．ディジタル信号処理の基本である．

1.9.2 オイラーの公式

三角関数 $\sin x, \cos x$ と指数関数 e^x のテイラー展開を利用すると，次のオイラーの公式を導くことができる[22]．

オイラーの公式 (指数関数と三角関数の関係)

$$e^{ix} = \cos x + i \sin x, \qquad e^{-ix} = \cos x - i \sin x$$

$$\cos x = \frac{e^{ix} + e^{-ix}}{2}, \qquad \sin x = \frac{e^{ix} - e^{-ix}}{2i}$$

ここで i は虚数単位である．

オイラーの公式 (行列表示)

$$\begin{pmatrix} e^{ix} \\ e^{-ix} \end{pmatrix} = \begin{pmatrix} 1 & i \\ 1 & -i \end{pmatrix} \begin{pmatrix} \cos x \\ \sin x \end{pmatrix}$$

$$\begin{pmatrix} \cos x \\ \sin x \end{pmatrix} = \begin{pmatrix} \frac{1}{2} & \frac{1}{2} \\ \frac{1}{2i} & \frac{-1}{2i} \end{pmatrix} \begin{pmatrix} e^{ix} \\ e^{-ix} \end{pmatrix}$$

この公式を利用した計算例をあげておこう．

オイラーの公式の数値計算例

$$e^{i\pi} = \cos \pi + i \sin \pi = -1$$

$$e^{-i\pi/2} = \cos \frac{\pi}{2} - i \sin \frac{\pi}{2} = -i$$

$$e^{i\pi/4} = \cos \frac{\pi}{4} + i \sin \frac{\pi}{4} = \frac{1}{\sqrt{2}} + i\frac{1}{\sqrt{2}}$$

$$e^{i\pi/6} = \cos \frac{\pi}{6} + i \sin \frac{\pi}{6} = \frac{\sqrt{3}}{2} + i\frac{1}{2}$$

$$e^{i\pi/3} = \cos \frac{\pi}{3} + i \sin \frac{\pi}{3} = \frac{1}{2} + i\frac{\sqrt{3}}{2}$$

---

[22] テイラー級数は，オイラー作用素 $x\dfrac{d}{dx}$ の固有関数展開である．$x\dfrac{d}{dx}x^n = nx^n$ であるので，x^n はオイラー作用素 $x\dfrac{d}{dx}$ の固有値 n に対する固有関数である．固有関数展開の理論は，現代数学の出発点になった理論である．集合論，現代解析学，関数解析，群の表現論，位相空間論などすべてに影響を及ぼしている．もちろん，純粋数学だけでなく，ディジタル信号処理などの工学的応用 (Z-変換) も重要である．

オイラーの公式の導出 指数関数 e^x のテイラー級数の式 $\sum_{n=0}^{\infty} \dfrac{x^n}{n!}$ の x に ix を代入する．

$$e^{ix} = \sum_{n=0}^{\infty} \frac{1}{n!}(ix)^n = \sum_{n=0}^{\infty} \frac{(-1)^n}{(2n)!}x^{2n} + i\sum_{n=0}^{\infty} \frac{(-1)^n}{(2n+1)!}x^{2n+1}$$

これを，$\cos x$ と $\sin x$ のテイラー級数の式

$$\cos x = \sum_{n=0}^{\infty} \frac{(-1)^n}{(2n)!}x^{2n}, \qquad \sin x = \sum_{n=0}^{\infty} \frac{(-1)^n}{(2n+1)!}x^{2n+1}$$

と見比べて $e^{ix} = \cos x + i\sin x$. ■

1.9.3 テイラー級数の具体的な計算

さて，どのようなことにテイラー級数は応用できるのであろうか？

数値計算への応用 例えば，$f(x) = \sum_{n=0}^{\infty} a_n x^n$ を使うと

$$\int_0^1 f(x)\,dx = \int_0^1 \left\{\sum_{n=0}^{\infty} a_n x^n\right\} dx = \sum_{n=0}^{\infty} a_n \int_0^1 x^n\,dx = \sum_{n=0}^{\infty} \frac{a_n}{n+1}$$

が成り立つ．関数の積分値を級数 a_n の和として計算できることがわかる．

□ **例題 1.9.4** $\log 2 = \sum_{n=1}^{\infty} \dfrac{(-1)^{n-1}}{n}$ となることを確かめよ．

【解】 $\dfrac{1}{1+x} = \sum_{n=0}^{\infty} (-x)^n$ を利用する．

$$\int_0^1 \frac{1}{1+x}\,dx = \bigl[\log(1+x)\bigr]_0^1 = \log 2$$

左辺の積分に $\dfrac{1}{1+x} = \sum_{n=0}^{\infty} (-x)^n$ を代入して，

$$\int_0^1 \frac{1}{1+x}\,dx = \int_0^1 \left\{\sum_{n=0}^{\infty}(-x)^n\right\} dx = \sum_{n=0}^{\infty} \int_0^1 (-x)^n\,dx = \sum_{n=0}^{\infty} \frac{(-1)^n}{n+1}.$$

したがって，$\log 2 = \sum_{n=0}^{\infty} \dfrac{(-1)^n}{n+1} = \sum_{n=1}^{\infty} \dfrac{(-1)^{n-1}}{n}$ を得る． ■

1.9 テイラー級数

▢ **例題 1.9.5** $\dfrac{\pi}{4} = \sum\limits_{n=1}^{\infty} \dfrac{(-1)^{n+1}}{2n+1}$ となることを確かめよ.

【解】 $\dfrac{1}{1+x^2} = \sum\limits_{n=0}^{\infty} (-1)^n x^{2n}$ を利用する.

$$\int_0^1 \frac{1}{1+x^2}\, dx = \bigl[\arctan x\bigr]_0^1 = \frac{\pi}{4}$$

左辺の積分に $\dfrac{1}{1+x^2} = \sum\limits_{n=0}^{\infty} (-x^2)^n$ を代入して,

$$\int_0^1 \frac{1}{1+x^2}\, dx = \int_0^1 \left\{\sum_{n=0}^{\infty}(-x^2)^n\right\} dx = \sum_{n=0}^{\infty}\int_0^1 (-x^2)^n\, dx = \sum_{n=0}^{\infty}\frac{(-1)^n}{2n+1}.$$

したがって, $\dfrac{\pi}{4} = \sum\limits_{n=0}^{\infty} \dfrac{(-1)^n}{2n+1}$ を得る. ■

注意: これは**ライプニッツ級数**として知られている等式である.

▢ **例題 1.9.6** $\arctan x$ のテイラー級数を求めよ.

ヒント: $\dfrac{1}{1+x^2} = \sum\limits_{n=0}^{\infty}(-1)^n x^{2n}$, $\dfrac{d}{dx}\arctan x = \dfrac{1}{1+x^2}$ を利用する.

【解】 $\dfrac{d}{dx}\arctan x = \dfrac{1}{1+x^2} = \sum\limits_{n=0}^{\infty}(-1)^n x^{2n}$ の両辺を積分して

$$\arctan x = \sum_{n=0}^{\infty}\frac{(-1)^n}{2n+1} x^{2n+1}$$

■

▢ **例題 1.9.7** $\log\left(\dfrac{1+x}{1-x}\right)$ のテイラー級数を求めよ.

ヒント: $\log(1-x) = -\sum\limits_{n=1}^{\infty}\dfrac{x^n}{n}$, $\log(1+x) = \sum\limits_{n=1}^{\infty}(-1)^{n-1}\dfrac{x^n}{n}$ を利用する.

【解】 $\log\left(\dfrac{1+x}{1-x}\right) = \log(1+x) - \log(1-x)$

$$= \sum_{n=1}^{\infty}(-1)^{n-1}\frac{x^n}{n} + \sum_{n=1}^{\infty}\frac{x^n}{n} = 2\sum_{n=1}^{\infty}\frac{x^{2n+1}}{2n+1}.$$

■

> ❏ **例題 1.9.8** $\cosh x$ のテイラー級数を求めよ.

ヒント： $e^x = \sum_{n=0}^{\infty} \dfrac{x^n}{n!}$, $e^{-x} = \sum_{n=0}^{\infty} (-1)^n \dfrac{x^n}{n!}$ を利用する.

【解】 $\cosh x = \dfrac{e^x + e^{-x}}{2} = \dfrac{1}{2}\left(\sum_{n=0}^{\infty} \dfrac{x^n}{n!} + \sum_{n=0}^{\infty} (-1)^n \dfrac{x^n}{n!}\right) = \sum_{n=0}^{\infty} \dfrac{x^{2n}}{(2n)!}$. ■

● **練習問題 1.9.1** $\sinh x$ のテイラー級数を求めよ.

1.9.4 マクローリン級数の漸化式への応用

$f(x) = \sum_{n=0}^{\infty} a_n x^n$ とおく. これを数列 $\{a_n\}$ の **母関数** とよぶ. 具体的に $f(x)$ を初等関数で表示するには, テイラー級数, マクローリン級数が必要となる[23].

母関数の例をいくつかあげる.

(1) $a_n = a^n \ (n \in \mathbb{N})$ に対して,
$$f(x) = \sum_{n=0}^{\infty} a_n x^n = \sum_{n=0}^{\infty} a^n x^n = \frac{1}{1-ax}.$$

(2) $a_n = \dfrac{1}{n!} \ (n \in \mathbb{N})$ に対して,
$$f(x) = \sum_{n=0}^{\infty} a_n x^n = \sum_{n=0}^{\infty} \frac{1}{n!} x^n = e^x.$$

ここで母関数による漸化式の解法を紹介しよう.

> ❏ **例題 1.9.9** 次の漸化式を満たす数列を求めよ.
> $$a_{n+1} = a_n + 1 \quad (a_0 = 1,\ n \in \mathbb{N})$$

【解】 $f(z) = \sum_{n=0}^{\infty} a_n z^n$ とおく. 仮定から $\sum_{n=0}^{\infty} a_{n+1} z^n = \sum_{n=0}^{\infty} a_n z^n + \sum_{n=0}^{\infty} z^n$.

$$\therefore \ \frac{1}{z}(f(z) - a_0) = f(z) + \frac{1}{1-z}$$

$a_0 = 1$ なので $\dfrac{1}{z}(f(z) - 1) = f(z) + \dfrac{1}{1-z}$. これを変形して

---

[23] 母関数は格子型の確率分布の期待値, 分散の計算, 漸化式の解法などに威力を発揮する. ディジタル信号処理では **Z-変換** とよばれている.

1.9 テイラー級数

$$f(z) = \frac{1}{1-z} + \frac{z}{(1-z)^2} = \sum_{n=0}^{\infty}(n+1)z^n.$$

$f(z) = \sum_{n=0}^{\infty} a_n z^n$ と比較して $a_n = n+1$. ∎

注意： 例題 1.2.15 も参照されたい.

□ **例題 1.9.10** 次の漸化式を満たす数列を求めよ.
$$a_{n+1} = 2a_n \quad (a_0 = 1,\ n \in \mathbb{N})$$

【解】 $f(z) = \sum_{n=0}^{\infty} a_n z^n$ とおく. 仮定から $\sum_{n=0}^{\infty} a_{n+1} z^n = 2\sum_{n=0}^{\infty} a_n z^n$.

$$\therefore\ \frac{1}{z}(f(z) - a_0) = 2f(z)$$

$a_0 = 1$ なので $\frac{1}{z}(f(z) - 1) = 2f(z)$. これを変形して

$$f(z) = \frac{1}{1-2z} = \sum_{n=0}^{\infty} 2^n z^n.$$

$f(z) = \sum_{n=0}^{\infty} a_n z^n$ と比較して $a_n = 2^n$. ∎

注意： 例題 1.2.16 も参照されたい.

● **練習問題 1.9.2** 次の漸化式を満たす数列を求めよ.
$$a_{n+2} = a_{n+1} + a_n \quad (a_1 = 1,\ a_2 = 1,\ n \in \mathbb{N})$$

注意： この数列は**フィボナッチ数列**とよばれている.

□ **例題 1.9.11** 漸化式 $a_{n+1} = 3a_n\ (a_0 = 1)$ を解け.

【解】 $f(x) = \sum_{n=0}^{\infty} a_n x^n$ とおくと, $\sum_{n=0}^{\infty} a_{n+1} x^n = 3\sum_{n=0}^{\infty} a_n x^n$ より,

$$\frac{1}{x}\sum_{n=0}^{\infty} a_{n+1} x^{n+1} = 3f(x).\ \text{したがって}\ \frac{1}{x}(f(x) - a_0) = 3f(x).$$

ここで $a_0 = 1$ なので $\frac{1}{x}(f(x) - 1) = 3f(x)$. これを変形して

$$f(x) - 1 = 3xf(x).$$

$$\therefore \ f(x)(1-3x) = 1. \ \ \text{よって} \ f(x) = \frac{1}{1-3x} = \sum_{n=0}^{\infty} 3^n x^n$$

$f(x) = \sum_{n=0}^{\infty} a_n x^n$ と比較して $a_n = 3^n$. ∎

● **練習問題 1.9.3** 漸化式 $a_{n+1} = a_n + n \ (a_0 = 1)$ を解け.

1.9.5 テイラー級数の数値計算への応用

以下では

$$f(x) \sim \sum_{n=0}^{N} \frac{f^{(n)}(0)}{n!} x^n$$

を使う. 次が成立する.

―― 関数の近似式 ――

$$e^x \sim \sum_{n=0}^{N} \frac{1}{n!} x^n$$

$$a^x \sim \sum_{n=0}^{N} \frac{(\log a)^n}{n!} x^n, \quad 2^x \sim \sum_{n=0}^{N} \frac{(\log 2)^n}{n!} x^n$$

$$e^{x^2} \sim \sum_{n=0}^{N} \frac{x^{2n}}{n!}$$

$$\sin x \sim \sum_{n=0}^{N} \frac{(-1)^n}{(2n+1)!} x^{2n+1}, \quad \frac{\sin x}{x} \sim \sum_{n=0}^{N} \frac{(-1)^n}{(2n+1)!} x^{2n}$$

$$\cos x \sim \sum_{n=0}^{N} \frac{(-1)^n}{(2n)!} x^{2n}$$

$$\log\left(\frac{1+x}{1-x}\right) \sim 2 \sum_{n=0}^{N} \frac{1}{2n+1} x^{2n+1}$$

$$\sqrt{1-x} \sim 1 - \frac{1}{2}x, \quad \sqrt{1+x} \sim 1 + \frac{1}{2}x$$

$$(1+x)^\alpha \sim 1 + \alpha x$$

1.9.6 $\tan x$ のテイラー級数

$\zeta(s) = \sum_{n=1}^{\infty} \frac{1}{n^s}$ をリーマンゼータ関数とよぶ. 例えば

$$\zeta(1) = \sum_{n=1}^{\infty} \frac{1}{n} = \infty, \quad \zeta(2) = \sum_{n=1}^{\infty} \frac{1}{n^2} = \frac{\pi^2}{6}$$

である．普通の収束・発散の定義からは $\zeta(-1) = \sum_{n=1}^{\infty} n = \infty$ であるのだが，解析接続の方法という裏技を使うと，

$$\zeta(-1) = 1 + 2 + 3 + 4 + \cdots = -\frac{1}{12}$$

となることが知られている[24]．

$\sin x$, $\cos x$ のテイラー (マクローリン) 級数は比較的単純であるが，その比である $\tan x$ のテイラー (マクローリン) 級数には，リーマンゼータ関数が登場する．結果だけ書いておく．

$\tan x$ のテイラー (マクローリン) 級数

$$\tan x = \sum_{k=1}^{\infty} \frac{2(2^{2k}-1)}{\pi^{2k}} \zeta(2k) x^{2k-1}$$

次に，テイラー級数と二項定理との関係についてみておこう．

例題 1.9.12 $f(x) = (x+a)^n$ のマクローリン級数を求めよ．

【解】 $f^{(k)}(x) = n(n-1) \cdots (n-k+1)(x+a)^{n-k}$ なので

$$f^{(k)}(0) = n(n-1) \cdots (n-k+1) a^{n-k}.$$

これをマクローリン級数の式に代入して

$$(x+a)^n = \sum_{k=0}^{n} \frac{1}{k!} n(n-1) \cdots (n-k+1) a^{n-k} x^k = \sum_{k=0}^{n} {}_n\mathrm{C}_k a^{n-k} x^k.$$

このことから，二項展開はマクローリン級数の特別なものであることがわかる． ∎

1.9.7 テイラー級数の収束

与えられた関数のテイラー級数の収束する範囲は，関数に依存する．いくつかの例をあげておく．

(1) $\sin x = \sum_{n=0}^{\infty} \frac{(-1)^n}{(2n+1)!} x^{2n+1}$ $(|x| < \infty)$

---
[24] インドの天才数学者ラマヌジャン (1887–1920) もこの事実を発見していた．

(2) $\cos x = \sum_{n=0}^{\infty} \dfrac{(-1)^n}{(2n)!} x^{2n}$ ($|x| < \infty$)

(3) $e^x = \sum_{n=0}^{\infty} \dfrac{1}{n!} x^n$ ($|x| < \infty$)

(4) $\dfrac{1}{1-x} = \sum_{n=0}^{\infty} x^n$ ($|x| < 1$)

(5) $\log(1+x) = \sum_{n=1}^{\infty} \dfrac{(-1)^{n-1}}{n} x^n$ ($|x| < 1$)

与えられた関数のテイラー級数の収束する範囲では，自由に微分，積分ができることが知られている．

次はその事実の応用である．

□ 例題 1.9.13 $\dfrac{1}{1-x} = \sum_{n=0}^{\infty} x^n$ ($|x| < 1$) を利用して，$\dfrac{1}{(1-x)^2}$ のテイラー級数を求めよ．

【解】 $\dfrac{1}{1-x} = \sum_{n=0}^{\infty} x^n$ の両辺を微分して

$$\frac{d}{dx}\frac{1}{1-x} = \frac{d}{dx}\sum_{n=0}^{\infty} x^n = \sum_{n=0}^{\infty} \frac{d}{dx} x^n.$$

したがって $\dfrac{1}{(1-x)^2} = \sum_{n=1}^{\infty} nx^{n-1}$ がわかる． ■

□ 例題 1.9.14 $\dfrac{d}{dx}\tan^{-1} x = \dfrac{1}{1+x^2}$ を利用して，$\tan^{-1} x$ のテイラー級数を求めよ．

【解】 $\dfrac{1}{1+t^2} = \sum_{n=0}^{\infty} (-1)^n t^{2n}$ の両辺を $t=0$ から $t=x$ まで積分して

$$\int_0^x \frac{1}{1+t^2}\, dt = \int_0^x \left\{ \sum_{n=0}^{\infty} (-1)^n t^{2n} \right\} dt = \sum_{n=0}^{\infty} (-1)^n \int_0^x t^{2n}\, dt.$$

したがって $\tan^{-1} x = \sum_{n=0}^{\infty} \dfrac{(-1)^n}{2n+1} x^{2n+1}$ がわかる． ■

1.9.8 テイラー級数と積分

> **例題 1.9.15** 以下の定積分の近似値を求めよ．
>
> (1) $\displaystyle\int_0^1 \frac{\sin x}{x}\,dx$ （2） $\displaystyle\int_0^1 e^{-x^2}\,dx$
>
> (3) $\displaystyle\int_0^1 \sin x^2\,dx$ （4） $\displaystyle\int_0^1 \sqrt{1-x^3}\,dx$

【解】 (1) 近似式 $\dfrac{\sin x}{x} \sim \dfrac{1}{x}\left(x - \dfrac{x^3}{3!}\right) = 1 - \dfrac{x^2}{3!}$ を使う．

$$\int_0^1 \frac{\sin x}{x}\,dx \sim \int_0^1 \left(1 - \frac{x^2}{3!}\right)dx = \frac{17}{18} \fallingdotseq 0.94\,.$$

(2) 近似式 $e^{-x^2} \sim 1 - x^2$ を使う．

$$\int_0^1 e^{-x^2}\,dx \sim \int_0^1 (1-x^2)\,dx = \frac{2}{3} \fallingdotseq 0.67\,.$$

注意： $\displaystyle\int_0^\infty e^{-x^2}\,dx = \dfrac{\sqrt{\pi}}{2} \fallingdotseq 0.886$ が知られている．

(3) 近似式 $\sin x^2 \sim x^2$ を使う．

$$\int_0^1 \sin x^2\,dx \sim \int_0^1 x^2\,dx = \frac{1}{3} \fallingdotseq 0.3\,.$$

注意： $\displaystyle\int_0^\infty \sin x^2\,dx = \dfrac{\pi}{2\sqrt{2}}$ が知られている．この種の計算は光の回折現象の解析で使われる．

(4) 近似式 $\sqrt{1-x^3} \sim 1 - \dfrac{1}{2}x^3$ を使う．

$$\int_0^1 \sqrt{1-x^3}\,dx \sim \int_0^1 \left(1 - \frac{1}{2}x^3\right)dx = \frac{7}{8} = 0.875\,.$$

注意： この種の計算は**楕円積分**とよばれ，振り子の運動，楕円の弧長の計算ででてくる．楕円積分に関連して発見された楕円関数の理論は，現在，暗号理論等で使われている． ∎

1.9.9 テイラー級数の応用

> **□ 例題 1.9.16** (テイラー級数の確率統計への応用 I (二項分布))
> $p+q=1$ ($p \geqq 0$, $q \geqq 0$) とする. 次の和を求めよ.
> (1) $\sum_{k=0}^{n} {}_nC_k q^k p^{n-k}$ (2) $\sum_{k=0}^{n} k \, {}_nC_k q^k p^{n-k}$

【解】 (1) $\sum_{k=0}^{n} {}_nC_k q^k p^{n-k} = (p+q)^n = 1$

(2) $\sum_{k=0}^{n} k \, {}_nC_k q^k p^{n-k} = nq \sum_{k=0}^{n-1} {}_{n-1}C_k q^k p^{n-1-k} = nq(p+q)^{n-1} = nq$ ∎

> **□ 例題 1.9.17** (テイラー級数の確率統計への応用 II (ポアソン分布))
> $a \geqq 0$ とする. 次の級数の和を求めよ.
> (1) $\sum_{n=0}^{\infty} e^{-a} \dfrac{a^k}{k!}$ (2) $\sum_{n=0}^{\infty} k e^{-a} \dfrac{a^k}{k!}$

【解】 指数関数 e^x のテイラー級数の公式を用いる.

(1) $\sum_{k=0}^{\infty} e^{-a} \dfrac{a^k}{k!} = e^{-a} \sum_{k=0}^{\infty} \dfrac{a^k}{k!} = e^{-a} e^a = 1$

(2) $\sum_{k=0}^{\infty} k e^{-a} \dfrac{a^k}{k!} = e^{-a} \sum_{k=1}^{\infty} \dfrac{a^k}{(k-1)!} = e^{-a} \sum_{k=0}^{\infty} \dfrac{a^{k+1}}{k!} = a e^{-a} \sum_{k=0}^{\infty} \dfrac{a^k}{k!} = a e^{-a} e^a = a$ ∎

> **□ 例題 1.9.18** 次の級数の和を求めよ.
> (1) $\sum_{n=1}^{\infty} n p^{n-1}$ (2) $\sum_{n=1}^{\infty} n p^n$

【解】 (1) $\sum_{n=1}^{\infty} n p^{n-1} = \sum_{n=0}^{\infty} n p^{n-1} = \dfrac{d}{dp} \sum_{n=0}^{\infty} p^n = \dfrac{d}{dp} \dfrac{1}{1-p} = \dfrac{1}{(1-p)^2}$

(2) $\dfrac{p}{(1-p)^2}$ ∎

● **練習問題 1.9.4** $p+q=1$ ($p \geqq 0$, $q \geqq 0$) とする. 次の級数の和を求めよ.

(1) $\sum_{n=1}^{\infty} n q p^{n-1}$ (2) $\sum_{n=1}^{\infty} n^2 q p^{n-1}$

1.10 ロピタルの定理

ロピタルの定理の証明に必要なコーシーの平均値の定理の説明からはじめる．まずは普通の平均値の定理の復習から．

普通の平均値の定理は，次のようであった．

平均値の定理 I

$$\frac{f(b)-f(a)}{b-a} = f'(c) \quad (a<c<b)$$

平均値の定理 II

$$f(b)-f(a) = (b-a)f'(c) \quad (a<c<b)$$

1.10.1 コーシーの平均値の定理

普通の平均値の定理は，次のように一般化される．

コーシーの平均値の定理 I

$$\frac{f(b)-f(a)}{g(b)-g(a)} = \frac{f'(c)}{g'(c)} \quad (a<c<b)$$

コーシーの平均値の定理 II

$$\frac{f(b)-f(a)}{g(b)-g(a)} = \frac{f'(a+\theta(b-a))}{g'(a+\theta(b-a))} \quad (0<\theta<1)$$

注意： コーシーの平均値の定理において $g(x)=x$ とすると，普通の平均値の定理になる．

コーシーの平均値の定理の証明 平面曲線 $(g(t), f(t))$ 上の二点 $A(g(a), f(a))$, $B(g(b), f(b))$ を結ぶ線分の傾きは $\dfrac{f(b)-f(a)}{g(b)-g(a)}$ である．接線ベクトルは $(g'(t), f'(t))$ であるので二点 A, B を結ぶ弧上に存在し，AB に平行な接線の傾きは $\dfrac{f'(c)}{g'(c)}$ である．これらは平行なので $\dfrac{f(b)-f(a)}{g(b)-g(a)} = \dfrac{f'(c)}{g'(c)}$ $(a<c<b)$ が成り立つ． ∎

以下のロピタルの定理は 1.3 節ですでにふれている.

ロピタルの定理

$\lim_{x \to a} f(x) = 0$, $\lim_{x \to a} g(x) = 0$ とする. もし, $\lim_{x \to a} \dfrac{f'(x)}{g'(x)}$ が存在すると, 次が成り立つ.
$$\lim_{x \to a} \frac{f(x)}{g(x)} = \lim_{x \to a} \frac{f'(x)}{g'(x)}$$

注意: a は $+\infty$, $-\infty$ でもかまわない.

ロピタルの定理の証明 仮定 $\lim_{x \to a} f(x) = 0$, $\lim_{x \to a} g(x) = 0$ より, $f(a) = 0$, $g(a) = 0$ とおく. コーシーの平均値の定理から

$$\frac{f(x)}{g(x)} = \frac{f(x) - f(a)}{g(x) - g(a)} = \frac{f'(c)}{g'(c)} \quad (a < c < x)$$

となる c が存在する. したがって,

$$\lim_{x \to a} \frac{f(x)}{g(x)} = \lim_{x \to a} \frac{f(x) - f(a)}{g(x) - g(a)} = \lim_{x \to a} \frac{f'(c)}{g'(c)} = \lim_{c \to a} \frac{f'(c)}{g'(c)} = \lim_{x \to a} \frac{f'(x)}{g'(x)}. \quad ■$$

1.10.2 ロピタルの定理の使用例

□ **例題 1.10.1** 次の極限の値を求めよ.

(1) $\lim_{x \to +\infty} \dfrac{x}{e^x}$ (2) $\lim_{x \to 0} \dfrac{e^{ax} - 1}{x}$ (3) $\lim_{x \to 0} \dfrac{2^x - 1}{x}$ (4) $\lim_{x \to 1} \dfrac{x^a - 1}{x - 1}$

(5) $\lim_{x \to 0} x \log x$ (6) $\lim_{x \to \infty} \dfrac{\log x}{x}$ (7) $\lim_{x \to 1} \dfrac{x^a - 1}{\log x}$

【解】 (1) $\lim_{x \to +\infty} \dfrac{x}{e^x} = \lim_{x \to +\infty} \dfrac{1}{e^x} = 0$

(2) $\lim_{x \to 0} \dfrac{e^{ax} - 1}{x} = \lim_{x \to 0} \dfrac{ae^{ax}}{1} = a$

(3) $\lim_{x \to 0} \dfrac{2^x - 1}{x} = \lim_{x \to 0} \dfrac{\log 2 \cdot 2^x}{1} = \log 2$

(4) $\lim_{x \to 1} \dfrac{x^a - 1}{x - 1} = \lim_{x \to 1} \dfrac{ax^{a-1}}{1} = a$

(5) $\lim_{x \to 0} x \log x = \lim_{x \to 0} \dfrac{\log x}{\frac{1}{x}} = \lim_{x \to 0} \dfrac{\frac{1}{x}}{\frac{-1}{x^2}} = \lim_{x \to 0} (-x) = 0$

(6) $\lim_{x \to \infty} \dfrac{\log x}{x} = \lim_{x \to \infty} \dfrac{\frac{1}{x}}{1} = \lim_{x \to \infty} \dfrac{1}{x} = 0$

1.10 ロピタルの定理

(7) $\displaystyle\lim_{x\to 1}\frac{x^a-1}{\log x}=\lim_{x\to 1}\frac{ax^{a-1}}{\frac{1}{x}}=a$ ∎

例題 1.10.2 次の極限値を求めよ.

(1) $\displaystyle\lim_{x\to 0}x^2\log x$ (2) $\displaystyle\lim_{x\to 0}\frac{\sin x-x}{x^3}$ (3) $\displaystyle\lim_{x\to 0}\frac{\cos x-1+\frac{x^2}{2}}{x^4}$

(4) $\displaystyle\lim_{x\to+\infty}xe^{-x^2}$ (5) $\displaystyle\lim_{x\to+\infty}\frac{x^n}{e^x}$

【解】 (1) $\displaystyle\lim_{x\to 0}x^2\log x=\lim_{x\to 0}\frac{\log x}{\frac{1}{x^2}}=\lim_{x\to 0}\frac{\frac{1}{x}}{\frac{-2}{x^3}}=\lim_{x\to 0}\frac{-x^2}{2}=0$

(2) $\displaystyle\lim_{x\to 0}\frac{\sin x-x}{x^3}=\lim_{x\to 0}\frac{\cos x-1}{3x^2}=\lim_{x\to 0}\frac{-\sin x}{6x}=-\frac{1}{6}$

(3) $\displaystyle\lim_{x\to 0}\frac{\cos x-1+\frac{x^2}{2}}{x^4}=\lim_{x\to 0}\frac{-\sin x+x}{4x^3}$

$\displaystyle=\lim_{x\to 0}\frac{-\cos x+1}{12x^2}=\lim_{x\to 0}\frac{\sin x}{24x}=\frac{1}{24}$

(4) $\displaystyle\lim_{x\to+\infty}xe^{-x^2}=\lim_{x\to+\infty}\frac{x}{e^{x^2}}=\lim_{x\to+\infty}\frac{1}{2xe^{x^2}}=0$

(5) $\displaystyle\lim_{x\to+\infty}\frac{x^n}{e^x}=\lim_{x\to+\infty}\frac{nx^{n-1}}{e^x}=\cdots=\lim_{x\to+\infty}\frac{n!}{e^x}=0$ ∎

例題 1.10.3 $\displaystyle\lim_{x\to+0}\left(\frac{1}{e^x-1}-\frac{1}{x}\right)$ の値を求めよ.

【解】 $\displaystyle\lim_{x\to+0}\left(\frac{1}{e^x-1}-\frac{1}{x}\right)=\lim_{x\to+0}\left(\frac{x-e^x+1}{x(e^x-1)}\right)=\lim_{x\to+0}\left(\frac{x-e^x+1}{xe^x-x}\right)$

$\displaystyle=\lim_{x\to+0}\left(\frac{1-e^x}{e^x+xe^x-1}\right)=\lim_{x\to+0}\left(\frac{-e^x}{2e^x+xe^x}\right)=-\frac{1}{2}$ ∎

例題 1.10.4 (ロピタルの定理の応用問題) 原点中心の半径 1 の円の上に三点 $A(\cos\theta,\sin\theta)$, $B(\cos\theta,-\sin\theta)$, $C(1,0)$ をとり, $a=AB$, $b=AC$, 弧 AB の長さを L とおく. 次の極限値を求めよ.

(1) $\displaystyle\lim_{\theta\to 0}\frac{8b-a}{3\theta}$ (2) $\displaystyle\lim_{\theta\to 0}\frac{8b-a-3L}{3\theta}$

【解】 $a = 2\sin\theta$, $b = 2\sin\dfrac{\theta}{2}$, $L = 2\theta$ である.

(1) $\displaystyle\lim_{\theta\to 0}\frac{8b-a}{3\theta} = \lim_{\theta\to 0}\frac{16\sin\frac{\theta}{2} - 2\sin\theta}{3\theta} = \lim_{\theta\to 0}\frac{8\cos\frac{\theta}{2} - 2\cos\theta}{3} = 2.$

(2) $\displaystyle\lim_{\theta\to 0}\frac{8b-a}{3\theta} = \lim_{\theta\to 0}\frac{16\sin\frac{\theta}{2} - 2\sin\theta - 2\theta}{3\theta} = \lim_{\theta\to 0}\frac{8\cos\frac{\theta}{2} - 2\cos\theta - 2}{3} = \frac{4}{3}.$ ∎

最後に,

―― ロピタルの定理の誤った使用例 ――

(1) $\displaystyle\lim_{x\to +0}\frac{\cos x}{x}$ の値を求めよ:

$$\lim_{x\to +0}\frac{\cos x}{x} = \lim_{x\to +0}\frac{-\sin x}{1} = 0.$$

(2) $\displaystyle\lim_{x\to +0}\frac{\log x}{x}$ の値を求めよ:

$$\lim_{x\to +0}\frac{\log x}{x} = \lim_{x\to +0}\frac{\frac{1}{x}}{1} = +\infty.$$

上記の誤りについては, なぜ間違っているのか確認しておこう.

1.11 リーマン積分

大学で学ぶ積分には 2 つある．リーマン積分とルベーグ積分 (測度論) である．ルベーグ積分は，関数解析・確率論などで重要である．ここではリーマン積分について解説する．

まず，不定積分の説明からはじめる．

1.11.1 不定積分

$\frac{dF(x)}{dx} = f(x)$ であるとき，

$$F(x) = \int f(x)\,dx$$

と表し，**不定積分**とよぶ．別の関数 $F_1(x)$ も $\frac{dF_1(x)}{dx} = f(x)$ を満たしていると

$$\frac{d(F_1(x) - F(x))}{dx} = f(x) - f(x) = 0$$

となり，

$$F_1(x) - F(x) = C.$$

したがって，定数 C の分だけの不定さがあることがわかる．このため「不定」積分とよぶ．$F(x)$ を $f(x)$ の**原始関数**とよぶ．

不定積分の定義

$$F(x) = \int f(x)\,dx \iff \frac{dF(x)}{dx} = f(x)$$

ここでいくつか計算の例をあげる．

(1) $\int x^2\,dx = \frac{1}{3}x^3 + C$ (C は積分定数)，

(2) $\int \sin x\,dx = -\cos x + C$ (C は積分定数)

である．

● **練習問題 1.11.1** $\int \frac{\cos x}{\sin x}\,dx$ を求めよ．

次は，実際に講義の際に出会った誤答例である．

不定積分の誤答例

(1) $\displaystyle\int \cos x\, dx = \sin\left(\frac{x^2}{2}\right) + C$ （C は積分定数）．

(2) $\displaystyle\int \log x\, dx = \log\left(\frac{x^2}{2}\right) + C$ （C は積分定数）．

注意： 次の不定積分の具体的な形は誰も知らない!!

$$\int \frac{\sin x}{x}\, dx, \qquad \int e^{-x^2}\, dx$$

ただし，定積分の値はわかっている[25]．

$$\int_{-\infty}^{\infty} \frac{\sin x}{x}\, dx = \pi,\quad \int_0^{\infty} \frac{\sin x}{x}\, dx = \frac{\pi}{2},\quad \int_{-\infty}^{\infty} e^{-x^2}\, dx = \sqrt{\pi},\quad \int_0^{\infty} e^{-x^2}\, dx = \frac{\sqrt{\pi}}{2}$$

不定積分の公式

以下，積分定数 C は省略する．

$\displaystyle\int x^n\, dx = \frac{x^{n+1}}{n+1}\quad (n \neq -1)$

$\displaystyle\int \frac{1}{x}\, dx = \log|x|$

$\displaystyle\int \frac{f'(x)}{f(x)}\, dx = \log|f(x)|\quad (f(x) \neq 0)$

$\displaystyle\int \sin x\, dx = -\cos x,\quad \int \cos x\, dx = \sin x,\quad \int \tan x\, dx = -\log|\cos x|$

$\displaystyle\int \frac{1}{\sqrt{1+x^2}}\, dx = \log(x + \sqrt{1+x^2})$

$\displaystyle\int e^x\, dx = e^x,\quad \int e^{ax}\, dx = \frac{1}{a} e^{ax}$

$\displaystyle\int 2^x\, dx = \frac{1}{\log 2} 2^x,\quad \int a^x\, dx = \frac{1}{\log a} a^x$

---

[25] これらの積分の値がわかっているので現在の IT 社会が実現している．$\displaystyle\int_{-\infty}^{\infty} \frac{\sin x}{x}\, dx = \pi$ はディジタル信号処理で重要なシャノン–染谷の標本化定理の基礎になっている．関数 $\dfrac{\sin x}{x}$ は，ディジタル信号処理の分野では **sinc 関数** とよばれ $sinc(x)$ と略記されることもある．また，関数 e^{-x^2} はガウス関数とよばれ $\displaystyle\int_{-\infty}^{\infty} e^{-x^2}\, dx = \sqrt{\pi}$ は，確率・統計 (中心極限定理)，統計力学・量子力学 (調和振動子の理論) で重要な積分である．

1.11 リーマン積分

$$\int f'(x)e^{f(x)}\,dx = e^{f(x)}$$

$$\int \frac{1}{1+x^2}\,dx = \arctan x$$

$$\int \frac{1}{\sqrt{1-x^2}}\,dx = \arcsin x$$

$$\int \sinh x\,dx = \cosh x, \quad \int \cosh x\,dx = \sinh x, \quad \int \tanh x\,dx = \log(\cosh x)$$

1.11.2 定積分

定積分についてはすでに高校で学んでいると思うが，一応復習しておく．

$$\int_a^b f(x)\,dx$$

を**定積分**とよぶ．直観的には $y = f(x)$ ($a \leqq x \leqq b$) と x 軸の囲む部分の面積である．

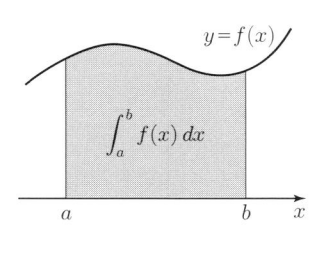

図 1.8

知られている事実をあげておく．

---- 基本的事実 I ----

$f(x)$ を連続関数とすると

$$\frac{d}{dx}\int_a^x f(t)\,dt = f(x)$$

が成り立つ．

証明 $\displaystyle \frac{d}{dx}\int_a^x f(t)\,dt = \lim_{h\to 0}\frac{1}{h}\left\{\int_a^{x+h} f(t)\,dt - \int_a^x f(t)\,dt\right\}$

$\displaystyle \hspace{5em} = \lim_{h\to 0}\frac{1}{h}\int_x^{x+h} f(t)\,dt$

ここで $f(x)$ は連続関数なので，中間値の定理[26]により $\dfrac{1}{h}\displaystyle\int_x^{x+h} f(t)\,dt = f(x+\theta h)$ となる $\theta\ (0 < \theta < 1)$ が存在する．したがって $\displaystyle\lim_{h\to 0} f(x+\theta h) = f(x)$. ∎

基本的事実 II

(1) $\displaystyle\int_a^b \{f(x)+g(x)\}\,dx = \int_a^b f(x)\,dx + \int_a^b g(x)\,dx$

(2) $\displaystyle\int_a^b cf(x)\,dx = c\int_a^b f(x)\,dx \qquad (c\ は定数)$

(3) $\displaystyle\int_b^a f(x)\,dx = -\int_a^b f(x)\,dx$

定積分の計算法

$$\int_a^b f(x)\,dx = \bigl[F(x)\bigr]_a^b = F(b) - F(a)$$

ただし，$F(x)$ は $f(x)$ の原始関数である．

証明 $\dfrac{d}{dx}\displaystyle\int_a^x f(t)\,dt = f(x)$ なので，$F(x)$ を $f(x)$ の原始関数のひとつとすると，$\displaystyle\int_a^x f(t)\,dt = F(x) + C$ となる定数 C が存在する．$x = a$ を代入すると $0 = \displaystyle\int_a^a f(t)\,dt = F(a) + C$ なので，$C = -F(a)$ がわかる．したがって，等式 $\displaystyle\int_a^x f(t)\,dt = F(x) - F(a)$ において $x = b$ を代入して

$$\int_a^b f(t)\,dt = F(b) - F(a).$$
∎

(この右辺を $\bigl[F(x)\bigr]_a^b$ と書く．)

ここで簡単な計算例を示す：

$$\int_a^b x^2\,dx = \left[\frac{x^3}{3}\right]_a^b = \frac{b^3 - a^3}{3}$$

である．

---
[26] 中間値の定理とは「$f(a) < t < f(b)$ なる t に対し，$t = f(c)$ となる数 c が存在する」という定理であった．

● 練習問題 1.11.2　次を求めよ．

(1)　$\dfrac{d}{dx}\displaystyle\int_0^x e^t\,dt$　　(2)　$\dfrac{d}{dx}\displaystyle\int_0^{x^2} e^t\,dt$

● 練習問題 1.11.3　$\dfrac{d}{dx}\displaystyle\int_0^{\sin x} e^{-t^2}\,dt$ を求めよ．

□ 例題 1.11.1　次の式を満たす関数 $f(x)$ を求めよ．
$$\int_0^x f(t)\,dt = x^2 + x$$

【解】　与えられた式の両辺を微分して $f(x) = 2x + 1$．　■

● 練習問題 1.11.4　$\displaystyle\int_0^x f(t)\,dt = e^x + \sin x$ を満たす関数 $f(x)$ を求めよ．

1.11.3　部分積分の公式

部分積分の公式
$$\int f'(x)g(x)\,dx = f(x)g(x) - \int f(x)g'(x)\,dx$$

これは積の微分の公式
$$(f(x)g(x))' = f'(x)g(x) + f(x)g'(x)$$
のいい換えである．

証明　積の微分の公式
$$(f(x)g(x))' = f'(x)g(x) + f(x)g'(x)$$
から，
$$f'(x)g(x) = (f(x)g(x))' - f(x)g'(x).$$
両辺を積分して
$$\int f'(x)g(x)\,dx = f(x)g(x) - \int f(x)g'(x)\,dx.$$
■

以下では，まず不定積分を求めたあとに，その定積分の値を具体的に求めることにする．

□ **例題 1.11.2 (使用例 1)** 次の積分を求めよ．

(1) $\displaystyle\int \log x\, dx$ (2) $\displaystyle\int_1^2 \log x\, dx$

【解】 (1) $\displaystyle\int \log x\, dx = \int 1\cdot \log x\, dx$

$$= \int (x)' \log x\, dx = x\log x - \int x(\log x)'\, dx$$

$$= x\log x - \int x\frac{1}{x}\, dx = x\log x - \int 1\, dx = x\log x - x$$

(2) $\displaystyle\int_1^2 \log x\, dx = \bigl[x\log x - x\bigr]_1^2 = (2\log 2 - 2) - (-1) = 2\log 2 - 1$ ∎

● **練習問題 1.11.5** 次の積分を求めよ．

(1) $\displaystyle\int x^n \log x\, dx$ (2) $\displaystyle\int_0^1 x^n \log x\, dx$

□ **例題 1.11.3** 次の不定積分を求めよ．

$$\int \frac{\log x}{x}\, dx$$

【解】 $\displaystyle\int \frac{\log x}{x}\, dx = \int \log x (\log x)'\, dx = (\log x)^2 - \int (\log x)' \log x\, dx$

$$= (\log x)^2 - \int \frac{\log x}{x}\, dx = \frac{1}{2}(\log x)^2$$ ∎

□ **例題 1.11.4 (使用例 2)** 次の積分を求めよ．

(1) $\displaystyle\int xe^x\, dx$ (2) $\displaystyle\int_0^1 xe^x\, dx$

【解】 (1) $\displaystyle\int xe^x\, dx = \int x(e^x)'\, dx$

$$= xe^x - \int (x)' e^x\, dx = xe^x - \int e^x\, dx = xe^x - e^x$$

(2) $\displaystyle\int_0^1 xe^x\, dx = \bigl[xe^x - e^x\bigr]_0^1 = e - e - (-1) = 1$ ∎

1.11 リーマン積分

> **◻ 例題 1.11.5 (使用例 3)** 次の積分を求めよ.
> (1) $\displaystyle\int xe^{-x}\,dx$ (2) $\displaystyle\int_0^\infty xe^{-x}\,dx$

【解】 (1) $\displaystyle\int xe^{-x}\,dx = \int x(-e^{-x})'\,dx = -xe^{-x} + \int (x)'e^{-x}\,dx$

$$= -xe^{-x} + \int e^{-x}\,dx = -xe^{-x} - e^{-x}$$

(2) $\displaystyle\int_0^\infty xe^{-x}\,dx = \lim_{R\to\infty}\int_0^R xe^{-x}\,dx = \lim_{R\to\infty}\left\{\left[-xe^x\right]_0^R + \int_0^R e^{-x}\,dx\right\}$

$$= \lim_{R\to\infty}(-Re^{-R} - e^{-R} + 1) = 1 \qquad \blacksquare$$

> **◻ 例題 1.11.6 (使用例 4)** 次の積分を求めよ.
> (1) $\displaystyle\int x\sin x\,dx$ (2) $\displaystyle\int_0^{\frac{\pi}{2}} x\sin x\,dx$

【解】 (1) $\displaystyle\int x\sin x\,dx = \int x(-\cos x)'\,dx$

$$= -x\cos x + \int (x)'\cos x\,dx = -x\cos x + \int \cos x\,dx$$

$$= -x\cos x + \sin x$$

(2) $\displaystyle\int_0^{\frac{\pi}{2}} x\sin x\,dx = \left[-x\cos x + \sin x\right]_0^{\frac{\pi}{2}} = \sin\frac{\pi}{2} = 1 \qquad \blacksquare$

● **練習問題 1.11.6** 定積分 $\displaystyle\int_{-\pi}^{\pi} x\sin nx\,dx\ (n\in\mathbb{Z})$ の値を求めよ.

> **◻ 例題 1.11.7** 次の不定積分を求めよ.
> (1) $\displaystyle\int e^{-x}\sin x\,dx$ (2) $\displaystyle\int e^{-x}\cos x\,dx$

【解】 (1), (2) を同時に求める. $I = \displaystyle\int e^{-x}\cos x\,dx,\ J = \int e^{-x}\sin x\,dx$ とおく. それぞれ部分積分すると, $I = e^{-x}\sin x + J,\ J = -e^{-x}\cos x - I$. これを I, J について解くと,

$$I = e^{-x}(\sin x - \cos x), \qquad J = -e^{-x}(\sin x + \cos x).$$

【別解】 $I = \displaystyle\int e^{-x}\cos x\,dx,\ J = \displaystyle\int e^{-x}\sin x\,dx$ とおく.

$$\begin{aligned}
I + iJ &= \int e^{-x}\cos x\,dx + i\int e^{-x}\sin x\,dx = \int e^{-x}(\cos x + i\sin x)\,dx \\
&= \int e^{-x+ix}\,dx = \int e^{x(-1+i)}\,dx = \frac{e^{x(-1+i)}}{-1+i} \\
&= \frac{1}{2}e^{-x}(\sin x - \cos x) - \frac{i}{2}e^{-x}(\sin x + \cos x).
\end{aligned}$$

実部,虚部を比較して,
$$I = e^{-x}(\sin x - \cos x), \quad J = -e^{-x}(\sin x + \cos x). \qquad \blacksquare$$

❑ 例題 1.11.8 (使用例 5) 次の積分を求めよ.
(1) $\displaystyle\int \sin x \cos x\,dx$ (2) $\displaystyle\int_0^{\frac{\pi}{4}} \sin x \cos x\,dx$

【解】 (1)
$$\begin{aligned}
\int \sin x \cos x\,dx &= \int \sin x(\sin x)'\,dx \\
&= \sin x \sin x - \int (\sin x)' \sin x\,dx \\
&= \sin^2 x - \int \sin x \cos x\,dx = \frac{1}{2}\sin^2 x
\end{aligned}$$

(2) $\displaystyle\int_0^{\frac{\pi}{4}} \sin x \cos x\,dx = \left[\frac{1}{2}\sin^2 x\right]_0^{\frac{\pi}{4}} = \frac{1}{2}\sin^2\left(\frac{\pi}{4}\right) = \frac{1}{4}$ $\blacksquare$

❑ 例題 1.11.9 (1) $I_n = \displaystyle\int_0^{\frac{\pi}{2}} \sin^n x\,dx$ とおく.I_n の満たす漸化式を求めよ.

(2) I_n の値を求めよ.

【解】 (1)
$$\begin{aligned}
I_n &= \int_0^{\frac{\pi}{2}} \sin^n x\,dx = \int_0^{\frac{\pi}{2}} \sin^{n-1} x \sin x\,dx \\
&= \int_0^{\frac{\pi}{2}} \sin^{n-1} x(-\cos x)'\,dx \\
&= \left[-\sin^{n-1} x \cos x\right]_0^{\frac{\pi}{2}} + (n-1)\int_0^{\frac{\pi}{2}} \sin^{n-2} x \cos^2 x\,dx
\end{aligned}$$

1.11 リーマン積分

$$= (n-1)\int_0^{\frac{\pi}{2}} \sin^{n-2} x(1-\sin^2 x)\,dx$$

$$= (n-1)I_{n-2} - (n-1)I_n.$$

したがって，$nI_n = (n-1)I_{n-2}$ より，$I_n = \dfrac{n-1}{n}I_{n-2}$.

(2) n が偶数のとき，$I_n = \dfrac{n-1}{n}\dfrac{n-3}{n-2}\cdots\dfrac{1}{2}\dfrac{\pi}{2}$.

n が奇数のとき，$I_n = \dfrac{n-1}{n}\dfrac{n-3}{n-2}\cdots\dfrac{4}{5}\dfrac{2}{3}$. ∎

● 練習問題 **1.11.7** 定積分 $\displaystyle\int_0^1 x^m(1-x)^n\,dx$ の値を求めよ．

● 練習問題 **1.11.8** 定積分 $\displaystyle\int_0^\infty e^{-x}x^n\,dx$ の値を求めよ．

● 練習問題 **1.11.9** 定積分 $\displaystyle\int_0^\infty e^{-sx}x^n\,dx$ の値を求めよ．

● 練習問題 **1.11.10** 定積分 $\displaystyle\int_0^\infty e^{-sx}\sin x\,dx$ の値を求めよ．

● 練習問題 **1.11.11** 定積分 $\displaystyle\int_0^\infty e^{-sx}\cos x\,dx$ の値を求めよ．

📖 例題 **1.11.10** (使用例 **6**) 次の積分を求めよ．

(1) $\displaystyle\int \tan^{-1} x\,dx$ 　　(2) $\displaystyle\int_0^1 \tan^{-1} x\,dx$

【解】(1) $\displaystyle\int \tan^{-1} x\,dx = \int (x)' \tan^{-1} x\,dx$

$$= x\tan^{-1} x - \int x(\tan^{-1})'\,dx$$

$$= x\tan^{-1} x - \int \frac{x}{1+x^2}\,dx = x\tan^{-1} x - \frac{1}{2}\log(1+x^2)$$

(2) $\displaystyle\int_0^1 \tan^{-1} x\,dx = \left[x\tan^{-1} x - \frac{1}{2}\log(1+x^2)\right]_0^1$

$$= \tan^{-1}(1) - \frac{1}{2}\log 2 = \frac{\pi}{4} - \frac{1}{2}\log 2$$ ∎

◻ **例題 1.11.11** (使用例 **7**) 次の積分を求めよ．

(1) $\displaystyle\int \sin^{-1} x \, dx$ (2) $\displaystyle\int_0^1 \sin^{-1} x \, dx$

【解】 (1) $\displaystyle\int \sin^{-1} x \, dx = \int (x)' \sin^{-1} x \, dx$

$$= x \sin^{-1} x - \int x (\sin^{-1} x)' \, dx$$

$$= x \sin^{-1} x - \int \frac{x}{\sqrt{1-x^2}} \, dx = x \sin^{-1} x + \sqrt{1-x^2}$$

(2) $\displaystyle\int_0^1 \sin^{-1} x \, dx = \left[x \sin^{-1} x + (1-x^2)^{\frac{1}{2}} \right]_0^1 = \sin^{-1}(1) - 1 = \frac{\pi}{2} - 1$ ■

● **練習問題 1.11.12** 次の積分を求めよ．

(1) $\displaystyle\int \cos^{-1} x \, dx$ (2) $\displaystyle\int_0^1 \cos^{-1} x \, dx$

1.11.4 置換積分の公式

―― 置換積分の公式 ――

$$\int f(x(t)) \frac{dx(t)}{dt} \, dt = \int f(x) \, dx \quad (x = x(t))$$

これは合成関数の微分の公式

$$\frac{df(x(t))}{dt} = \frac{df(x)}{dx} \frac{dx(t)}{dt}$$

のいい換えである．

◻ **例題 1.11.12** $\displaystyle\int_0^a f(x) \, dx = \int_0^a f(a-x) \, dx$ を示せ．

【解】 $t = a - x$ とおくと，$dt = -dx$．このとき，x が 0 から a まで変化するとき，t は a から 0 まで変化する．したがって，

$$\int_0^a f(a-x) \, dx = \int_a^0 f(t)(-dt) = \int_0^a f(t) \, dt = \int_0^a f(x) \, dx.$$

■

1.11 リーマン積分

❑ **例題 1.11.13** $\displaystyle\int_0^{\frac{\pi}{2}} \sin^n x \, dx = \int_0^{\frac{\pi}{2}} \cos^n x \, dx$ を示せ.

【解】 $t = \dfrac{\pi}{2} - x$ とおくと, $\cos x = \sin t$, $dt = -dx$. このとき, x が 0 から $\dfrac{\pi}{2}$ まで変化するとき, t は $\dfrac{\pi}{2}$ から 0 まで変化する. したがって,

$$\int_0^{\frac{\pi}{2}} \cos^n x \, dx = \int_{\frac{\pi}{2}}^0 \sin^n t \, (-dt) = \int_0^{\frac{\pi}{2}} \sin^n t \, dt = \int_0^{\frac{\pi}{2}} \sin^n x \, dx.$$ ■

❑ **例題 1.11.14** 次の積分を求めよ.
(1) $\displaystyle\int x\sqrt{1+x^2}\, dx$ (2) $\displaystyle\int_0^1 x\sqrt{1+x^2}\, dx$

【解】 (1) $t = x^2$ とおくと, $dt = 2x\, dx$. したがって,

$$\int x\sqrt{1+x^2}\, dx = \frac{1}{2}\int \sqrt{1+t}\, dt = \frac{1}{3}(1+t)^{\frac{3}{2}} = \frac{1}{3}(1+x^2)^{\frac{3}{2}}.$$

(2) $\displaystyle\int_0^1 x\sqrt{1+x^2}\, dx = \left[\frac{1}{3}(1+x^2)^{\frac{3}{2}}\right]_0^1 = \frac{1}{3}(2\sqrt{2}-1)$ ■

❑ **例題 1.11.15** 次の積分を求めよ.
(1) $\displaystyle\int \frac{\log x}{x}\, dx$ (2) $\displaystyle\int_1^2 \frac{\log x}{x}\, dx$

【解】 (1) $t = \log x$ とおくと, $dt = \dfrac{dx}{x}$. したがって,

$$\int \frac{\log x}{x}\, dx = \int t\, dt = \frac{t^2}{2} = \frac{1}{2}(\log x)^2.$$

(2) $\displaystyle\int_1^2 \frac{\log x}{x}\, dx = \left[\frac{1}{2}(\log x)^2\right]_1^2 = \frac{1}{2}(\log 2)^2$ ■

□ **例題 1.11.16** 次の積分を求めよ．

(1) $\displaystyle\int \frac{x}{1+x^2}\,dx$ (2) $\displaystyle\int_0^1 \frac{x}{1+x^2}\,dx$

【解】 (1) $t=x^2$ とおくと，$dt=2x\,dx$. したがって，
$$\int \frac{x}{1+x^2}\,dx = \frac{1}{2}\int \frac{1}{1+t}\,dt = \frac{1}{2}\log(1+t) = \frac{1}{2}\log(1+x^2).$$

(2) $\displaystyle\int_0^1 \frac{x}{1+x^2}\,dx = \frac{1}{2}\int_0^1 \frac{1}{1+t}\,dt = \left[\frac{1}{2}\log(1+t)\right]_0^1 = \frac{1}{2}\log 2$ ∎

□ **例題 1.11.17** 次の積分を求めよ．

(1) $\displaystyle\int \frac{1}{\cos x}\,dx$ (2) $\displaystyle\int_0^{\frac{\pi}{4}} \frac{1}{\cos x}\,dx$

【解】 (1) $$\int \frac{1}{\cos x}\,dx = \int \frac{\cos x}{\cos^2 x}\,dx = \int \frac{\cos x}{1-\sin^2 x}\,dx$$
$t=\sin x$ とおくと，$dt=\cos x\,dx$. したがって，
$$\int \frac{\cos x}{1-\sin^2 x}\,dx = \int \frac{1}{1-t^2}\,dt = \int \frac{1}{2}\left\{\frac{1}{1-t}+\frac{1}{1+t}\right\}dt$$
$$= \frac{1}{2}\log\left|\frac{1+t}{1-t}\right| = \frac{1}{2}\log\left|\frac{1+\sin x}{1-\sin x}\right|.$$

(2) $\displaystyle\int_0^{\frac{\pi}{4}} \frac{1}{\cos x}\,dx = \frac{1}{2}\left[\log\left|\frac{1+\sin x}{1-\sin x}\right|\right]_0^{\frac{\pi}{4}} = \frac{1}{2}\log\left(\frac{\sqrt{2}+1}{\sqrt{2}-1}\right) = \log(\sqrt{2}+1)$ ∎

● **練習問題 1.11.13** 次の積分を求めよ．

(1) $\displaystyle\int \frac{1}{\sin x}\,dx$ (2) $\displaystyle\int_{\frac{\pi}{4}}^{\frac{\pi}{2}} \frac{1}{\sin x}\,dx$

□ **例題 1.11.18** 次の積分を求めよ．

(1) $\displaystyle\int xe^{-x^2}\,dx$ (2) $\displaystyle\int_0^{\infty} xe^{-x^2}\,dx$

【解】 (1) $t=x^2$ とおくと，$dt=2x\,dx$. したがって，
$$\int xe^{-x^2}\,dx = \frac{1}{2}\int e^{-t}\,dt = -\frac{1}{2}e^{-t} = -\frac{1}{2}e^{-x^2}.$$

1.11 リーマン積分

(2) $\displaystyle\int_0^\infty xe^{-x^2}\,dx = \lim_{R\to\infty}\int_0^R xe^{-x^2}\,dx$

$\displaystyle = \lim_{R\to\infty}\left[-\frac{1}{2}e^{-x^2}\right]_0^R = \lim_{R\to\infty}\left(-\frac{1}{2}e^{-R^2}+\frac{1}{2}\right) = \frac{1}{2}$ ∎

例題 1.11.19 次の積分を求めよ.

(1) $\displaystyle\int \sin x \cos x\,dx$ (2) $\displaystyle\int_0^{\frac{\pi}{4}} \sin x \cos x\,dx$

【解】 (1) $t = \sin x$ とおくと,$dt = \cos x\,dx$. したがって,

$$\int \sin x \cos x\,dx = \int t\,dt = \frac{1}{2}t^2 = \frac{1}{2}\sin^2 x.$$

別解 2倍角の公式により $\sin x \cos x = \dfrac{1}{2}\sin(2x)$. したがって,

$$\int \sin x \cos x\,dx = \frac{1}{2}\int \sin 2x\,dx = -\frac{1}{4}\cos(2x).$$

(2) $\displaystyle\int_0^{\frac{\pi}{4}} \sin x \cos x\,dx = \left[-\frac{1}{4}\cos(2x)\right]_0^{\frac{\pi}{4}} = \frac{1}{4}$ ∎

例題 1.11.20 次の不定積分を求めよ.

$$\int \sin^2 x\,dx$$

【解】 2倍角の公式により $\sin^2 x = \dfrac{1-\cos 2x}{2}$. したがって,

$$\int \sin^2 x\,dx = \int \frac{1-\cos 2x}{2}\,dx = \frac{x}{2} - \frac{1}{4}\sin 2x.$$ ∎

●**練習問題 1.11.14** 次の積分を求めよ.

(1) $\displaystyle\int \cos^2 x\,dx$ (2) $\displaystyle\int_0^{\frac{\pi}{4}} \cos^2 x\,dx$

□ **例題 1.11.21** 次の積分を求めよ.

(1) $\displaystyle\int \cos^3 x\, dx$ (2) $\displaystyle\int_0^{\frac{\pi}{2}} \cos^3 x\, dx$

【解】 (1) 3倍角の公式により $\cos^3 x = \dfrac{3\cos x + \cos 3x}{4}$. したがって,

$$\int \cos^3 x\, dx = \int \frac{3\cos x + \cos 3x}{4}\, dx = \frac{1}{12}\sin 3x + \frac{3}{4}\sin x.$$

(2) $\displaystyle\int_0^{\frac{\pi}{2}} \cos^3 x\, dx = \left[\frac{1}{12}\sin 3x + \frac{3}{4}\sin x\right]_0^{\frac{\pi}{2}} = \frac{1}{12}\sin\frac{3\pi}{2} + \frac{3}{4}\sin\frac{\pi}{2}$

$$= -\frac{1}{12} + \frac{3}{4} = \frac{2}{3}$$ ∎

● **練習問題 1.11.15** $\displaystyle\int \sin^3 x\, dx$ を3倍角の公式を用いて求めよ.

● **練習問題 1.11.16** $\displaystyle\int \cos^3 x\, dx$ を, $\displaystyle\int \cos^2 x \cos x\, dx = \int (1 - \sin^2 x)\cos x\, dx$ と変形して求めよ.

□ **例題 1.11.22** 次の積分を求めよ.

(1) $\displaystyle\int \tan^{-1} x\, dx$ (2) $\displaystyle\int_0^1 \tan^{-1} x\, dx$

【解】 (1) $y = \tan^{-1} x$ とおくと, $x = \tan y$. よって $dx = \dfrac{1}{\cos^2 y}\, dy$. したがって,

$$\int \tan^{-1} x\, dx = \int \frac{y}{\cos^2 y}\, dy$$

$$= \int y(\tan y)'\, dy = y\tan y - \int (y)' \tan y\, dy$$

$$= y\tan y - \int \tan y\, dy = y\tan y + \log(\cos y)$$

$$= y\tan y + \log\frac{1}{\sqrt{1 + \tan^2 y}} = y\tan y - \frac{1}{2}\log(1 + \tan^2 y)$$

$$= x\tan^{-1} x - \frac{1}{2}\log(1 + x^2).$$

(2) $\displaystyle\int_0^1 \tan^{-1} x\, dx = \left[x\tan^{-1} x - \frac{1}{2}\log(1+x^2)\right]_0^1$
$= \tan^{-1}(1) - \frac{1}{2}\log 2 = \frac{\pi}{4} - \frac{1}{2}\log 2$ ∎

□ **例題 1.11.23** 次の積分を求めよ.

(1) $\displaystyle\int \sin^{-1} x\, dx$ (2) $\displaystyle\int_0^{\frac{1}{2}} \sin^{-1} x\, dx$

【解】 (1) $y = \sin^{-1} x$ とおくと, $x = \sin y$. よって, $dx = \cos y\, dy$. したがって,

$$\int \sin^{-1} x\, dx = \int y \cos y\, dy$$
$$= \int y(\sin y)'\, dy = y\sin y - \int \sin y\, dy$$
$$= y\sin y + \cos y = y\sin y + \sqrt{1-\sin^2 y}$$
$$= x\sin^{-1} x + \sqrt{1-x^2}.$$

(2) $\displaystyle\int_0^{\frac{1}{2}} \sin^{-1} x\, dx = \left[x\sin^{-1} x + (1-x^2)^{\frac{1}{2}}\right]_0^{\frac{1}{2}} = \frac{\pi}{12} + \frac{\sqrt{3}}{2} - 1$ ∎

● **練習問題 1.11.17** 次の積分を求めよ.

(1) $\displaystyle\int \cos^{-1} x\, dx$ (2) $\displaystyle\int_0^{\frac{1}{2}} \cos^{-1} x\, dx$

1.11.5 特殊な置換積分の公式

□ **例題 1.11.24** (特殊な置換積分の公式の使用例) 次の積分を求めよ.

(1) $\displaystyle\int \frac{1}{\sqrt{1+x^2}}\, dx$ (2) $\displaystyle\int_0^1 \frac{1}{\sqrt{1+x^2}}\, dx$

【解】 (1) $t = x + \sqrt{1+x^2}$ とおくと, $\dfrac{1}{t} = -x + \sqrt{1+x^2}$. よって

$$x = \frac{1}{2}\left(t - \frac{1}{t}\right), \quad \sqrt{1+x^2} = \frac{1}{2}\left(t + \frac{1}{t}\right) = \frac{t^2+1}{2t}.$$

$dx = \dfrac{1}{2}\left(1 + \dfrac{1}{t^2}\right) dt = \dfrac{t^2+1}{2t^2}\, dt$ であるから,

$$\int \frac{1}{\sqrt{1+x^2}}\,dx = \int \frac{2t}{t^2+1}\frac{t^2+1}{2t^2}\,dt$$
$$= \int \frac{1}{t}\,dt = \log t = \log\left(x+\sqrt{1+x^2}\right).$$

別解 $x = \sinh t$ とおくと, $dx = \cosh t\,dt$. よって $t = \log\left(x+\sqrt{1+x^2}\right)$. したがって,
$$\int \frac{1}{\sqrt{1+x^2}}\,dx = \int \frac{\cosh t}{\sqrt{1+\sinh^2 t}}\,dt = \int dt = t = \log\left(x+\sqrt{1+x^2}\right).$$

(2) $\displaystyle\int_0^1 \frac{1}{\sqrt{1+x^2}}\,dx = \Bigl[\log(x+\sqrt{1+x^2})\Bigr]_0^1 = \log\left(1+\sqrt{2}\right)$ ∎

❏ **例題 1.11.25** 次の積分を求めよ.

(1) $\displaystyle\int \sqrt{1+x^2}\,dx$ (2) $\displaystyle\int_0^1 \sqrt{1+x^2}\,dx$

【解】 (1) $t = x+\sqrt{1+x^2}$ とおくと, $\dfrac{1}{t} = x - \sqrt{1+x^2}$. よって,
$$x = \frac{1}{2}\left(t-\frac{1}{t}\right), \quad \sqrt{1+x^2} = \frac{1}{2}\left(t+\frac{1}{t}\right) = \frac{t^2+1}{2t}.$$

$dx = \dfrac{1}{2}\left(1+\dfrac{1}{t^2}\right) = \dfrac{t^2+1}{2t^2}$ であるから

$$\int \sqrt{1+x^2}\,dx = \int \frac{t^4+2t^2+1}{4t^3}\,dt = \int \left(t + \frac{2}{t} + \frac{1}{t^3}\right)dt$$

$$= \frac{1}{4}\left(\frac{t^2}{2} + 2\log t - \frac{1}{2}\frac{1}{t^2}\right) = \frac{1}{2}\cdot\frac{1}{2}\left(t+\frac{1}{t}\right)\frac{1}{2}\left(t-\frac{1}{t}\right) + \frac{1}{2}\log t$$

$$= \frac{1}{2}x\sqrt{x^2+1} + \frac{1}{2}\log(x+\sqrt{x^2+1}).$$

別解 部分積分を使う.
$$\int \sqrt{1+x^2}\,dx = \int (x)'\sqrt{1+x^2}\,dx = x\sqrt{1+x^2} - \int x\bigl(\sqrt{1+x^2}\bigr)'\,dx$$

$$= x\sqrt{1+x^2} - \int \frac{x^2}{\sqrt{1+x^2}}\,dx$$

$$= x\sqrt{1+x^2} - \int \frac{1+x^2}{\sqrt{1+x^2}}\,dx + \int \frac{1}{\sqrt{1+x^2}}\,dx$$

$$= x\sqrt{1+x^2} - \int \sqrt{1+x^2}\,dx + \int \frac{1}{\sqrt{1+x^2}}\,dx$$

1.11 リーマン積分

したがって,

$$\int \sqrt{1+x^2}\,dx = \frac{1}{2}\left\{x\sqrt{1+x^2} + \int \frac{1}{\sqrt{1+x^2}}\,dx\right\}$$

$$= \frac{1}{2}x\sqrt{x^2+1} + \frac{1}{2}\log(x+\sqrt{x^2+1}).$$

(2) $\displaystyle\int_0^1 \sqrt{1+x^2}\,dx = \left[\frac{1}{2}x\sqrt{x^2+1} + \frac{1}{2}\log(x+\sqrt{x^2+1})\right]_0^1$

$$= \frac{\sqrt{2}}{2} + \frac{1}{2}\log(1+\sqrt{2}). \qquad\blacksquare$$

● 練習問題 **1.11.18** 不定積分 $\displaystyle\int \sqrt{a^2+x^2}\,dx$ を求めよ.

● 練習問題 **1.11.19** (1) $\displaystyle\int_0^a (\sqrt{a^2+x^2} - cx)\,dx$ の値を求めよ.

(2) (1) で求めた積分の値が a に無関係であるように c の値を定めよ.

☐ 例題 **1.11.26** 次の不定積分を求めよ.
$$\int \frac{\sqrt{1-x^2}}{x}\,dx$$

【解】 $x = \sin t$ とおくと,$dx = \cos t\,dt$. したがって,

$$\int \frac{\sqrt{1-x^2}}{x}\,dx = \int \frac{\cos^2 t}{\sin t}\,dt = \int \frac{1-\sin^2 t}{\sin t}\,dt = \int \left(\frac{1}{\sin t} - \sin t\right)dt$$

$$= \int \frac{1}{\sin t}\,dt - \int \sin t\,dt = \log\left(\frac{1-\cos t}{1+\cos t}\right) + \cos t$$

$$= \frac{1}{2}\log\left(\frac{1-\sqrt{1-x^2}}{1+\sqrt{1-x^2}}\right) + \sqrt{1-x^2}$$

$$= -\log\frac{1+\sqrt{1-x^2}}{x} + \sqrt{1-x^2}\ [27]. \qquad\blacksquare$$

---

[27] $y = -\log\dfrac{1+\sqrt{1-x^2}}{x} + \sqrt{1-x^2}$ を y 軸のまわりに回転してできる曲面は,ベルトラミ擬球面とよばれている.負の曲率をもつ非ユークリッド幾何学のモデルを与えている.

─── 特殊な変数変換 ───

$\tan\dfrac{\theta}{2} = t$ とおくと,

$$\cos\theta = \dfrac{1-t^2}{1+t^2},\ \sin\theta = \dfrac{2t}{1+t^2},\ \tan\theta = \dfrac{2t}{1-t^2},\quad d\theta = \dfrac{2}{1+t^2}\,dt$$

例題 1.11.27 $\displaystyle\int \dfrac{1}{\cos\theta}\,d\theta$ を求めよ.

【解】 $t = \tan\dfrac{\theta}{2}$ とおくと, $\cos\theta = \dfrac{1-t^2}{1+t^2},\ d\theta = \dfrac{2}{1+t^2}\,dt$ であるから,

$$\int \dfrac{d\theta}{\cos\theta} = \int \dfrac{1}{\frac{1-t^2}{1+t^2}}\dfrac{2\,dt}{1+t^2} = 2\int \dfrac{dt}{1-t^2} = \int\left(\dfrac{1}{1+t} + \dfrac{1}{1-t}\right)dt$$

$$= \log\left(\dfrac{1+t}{1-t}\right) = \log\left(\dfrac{1+\tan\frac{\theta}{2}}{1-\tan\frac{\theta}{2}}\right) = \log\left(\dfrac{1+\sin\theta}{\cos\theta}\right). \blacksquare$$

● **練習問題 1.11.20** $\displaystyle\int \dfrac{1}{\sin\theta}\,d\theta$ を求めよ.

例題 1.11.28 $\displaystyle\int_{-\pi}^{\pi} \dfrac{1}{1-2a\cos\theta + a^2}\,d\theta\ (a \neq \pm 1)$ を求めよ.

【解】 $t = \tan\dfrac{\theta}{2}$ とおく.

$$\int_{-\pi}^{\pi} \dfrac{1}{1-2a\cos\theta + a^2}\,d\theta = \int_{-\infty}^{\infty} \dfrac{1}{1-2a\frac{1-t^2}{1+t^2} + a^2}\dfrac{2\,dt}{1+t^2}$$

$$= 2\int_{-\infty}^{\infty} \dfrac{dt}{(1+t^2)(1+a^2) - 2a(1-t^2)}$$

$$= 2\int_{-\infty}^{\infty} \dfrac{dt}{(1+a)^2 t^2 + (1-a)^2}$$

$$= \dfrac{2}{(1-a)^2}\int_{-\infty}^{\infty} \dfrac{dt}{\left(\frac{1+a}{1-a}t\right)^2 + 1}$$

$$= \dfrac{2}{1-a^2}\int_{-\infty}^{\infty} \dfrac{du}{u^2+1} = \dfrac{2\pi}{1-a^2} \blacksquare$$

1.11 リーマン積分

● 練習問題 1.11.21　$\int_{-\pi}^{\pi} \dfrac{1}{1-2a\sin\theta+a^2}\,d\theta\ (a\neq \pm 1)$ を求めよ．

● 練習問題 1.11.22　$\int_{-\pi}^{\pi} \dfrac{1}{a+\cos\theta}\,d\theta\ (|a|>1)$ を求めよ．

● 練習問題 1.11.23　$\int_{-\pi}^{\pi} \dfrac{1}{a+\sin\theta}\,d\theta\ (|a|>1)$ を求めよ．

注意：　以上，これらの三角関数を含む定積分は，複素関数論を学ぶと原始関数を使わずに計算できる[28]．

1.11.6　区分求積法の応用

□ 例題 1.11.29 (準備の問題)　次の級数の和を求めよ．

(1) $\displaystyle\sum_{k=1}^{n} k^2$　(2) $\displaystyle\sum_{k=1}^{n} k^3$

【解】 (1) $\displaystyle\sum_{k=1}^{n} k^2 = \dfrac{1}{6}n(n+1)(2n+1)$

(2) $\displaystyle\sum_{k=1}^{n} k^3 = \left\{\dfrac{n(n+1)}{2}\right\}^2$　∎

□ 例題 1.11.30　次の極限値を求めよ．

(1) $\displaystyle\lim_{n\to\infty} \dfrac{1}{n^3}\sum_{k=1}^{n} k^2$　(2) $\displaystyle\lim_{n\to\infty} \dfrac{1}{n^4}\sum_{k=1}^{n} k^3$

【解】 (1) $\displaystyle\lim_{n\to\infty} \dfrac{1}{n^3}\sum_{k=1}^{n} k^2 = \lim_{n\to\infty}\dfrac{1}{6n^3}n(n+1)(2n+1) = \dfrac{1}{3}$

(2) $\displaystyle\lim_{n\to\infty} \dfrac{1}{n^4}\sum_{k=1}^{n} k^3 = \lim_{n\to\infty}\dfrac{1}{n^4}\left\{\dfrac{n(n+1)}{2}\right\}^2 = \lim_{n\to\infty}\dfrac{1}{n^2}\dfrac{(n+1)^2}{4} = \dfrac{1}{4}$

【別解】 (1) $\displaystyle\lim_{n\to\infty} \dfrac{1}{n^3}\sum_{k=1}^{n} k^2 = \lim_{n\to\infty}\sum_{k=1}^{n}\dfrac{1}{n}\left(\dfrac{k}{n}\right)^2 = \int_0^1 x^2\,dx = \dfrac{1}{3}$

(2) $\displaystyle\lim_{n\to\infty} \dfrac{1}{n^4}\sum_{k=1}^{n} k^3 = \lim_{n\to\infty}\sum_{k=1}^{n}\dfrac{1}{n}\left(\dfrac{k}{n}\right)^3 = \int_0^1 x^3\,dx = \dfrac{1}{4}$　∎

---

[28] 関数の本質は，変数を複素化して初めてわかるので大学で是非とも複素関数論を学んでほしい．

1.12 定積分の応用

1.12.1 面積の計算

高校ですでに学んだように，

面積の計算 I

(1) $y = f(x)$ $(a \leqq x \leqq b)$ のグラフと x 軸の間の面積 S は
$$S = \int_a^b f(x)\,dx.$$

(2) $y = f(x)$ と $y = g(x)$ $(a \leqq x \leqq b)$ で囲まれる面積 S は
$$S = \int_a^b \{f(x) - g(x)\}\,dx.$$

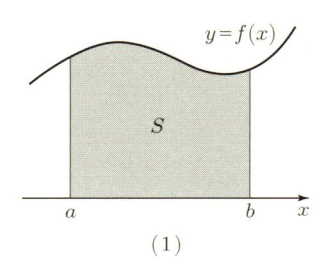

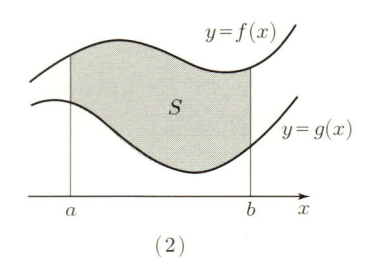

図 1.9

媒介変数表示されている場合には，次の公式が使える．

面積の計算 II

曲線 $\begin{cases} x = x(t) \\ y = y(t) \end{cases}$ $(a \leqq t \leqq b)$ の囲む部分の面積 S は

(1) $\displaystyle S = \int_a^b y(t)\frac{dx(t)}{dt}\,dt$

(2) $\displaystyle S = \frac{1}{2}\int_a^b \left(x(t)\frac{dy(t)}{dt} - y(t)\frac{dx(t)}{dt}\right)dt$

証明 (1) $\displaystyle S = \int y\,dx = \int_a^b y(t)\frac{dx(t)}{dt}\,dt$

(2) グリーンの定理のところ (p.156) で説明する． ∎

1.12 定積分の応用

面積の計算 III

極座標表示された曲線 $r = r(\theta)$ ($\alpha \leqq t \leqq \beta$) の囲む部分の面積 S は
$$S = \frac{1}{2}\int_\alpha^\beta r(\theta)^2\, d\theta.$$

証明 極座標表示 $\begin{cases} x(\theta) = r(\theta)\cos\theta \\ y(\theta) = r(\theta)\sin\theta \end{cases}$ を変形していく.

$$\begin{cases} x'(\theta) = r'(\theta)\cos\theta - r(\theta)\sin\theta \\ y'(\theta) = r'(\theta)\sin\theta + r(\theta)\cos\theta \end{cases}$$

$$\therefore \begin{cases} y(\theta)x'(\theta) = rr'(\theta)\sin\theta\cos\theta - r^2(\theta)\sin^2\theta, \\ x(\theta)y'(\theta) = rr'(\theta)\cos\theta\sin\theta + r^2(\theta)\cos^2\theta. \end{cases}$$

以上から, $\frac{1}{2}|xy' - yx'| = \frac{1}{2}r^2(\theta)$. ここで面積の計算の公式 II-(2) を使うと $S = \frac{1}{2}\int_\alpha^\beta r(\theta)^2\, d\theta$ がわかる. ∎

例題 1.12.1 懸垂線 $y = \cosh x = \dfrac{e^x + e^{-x}}{2}$ と $y = 0$, $x = 0$, $x = a$ の囲む部分の面積 S を求めよ.

【解】 $S = \displaystyle\int_0^a \cosh x\, dx = \left[\sinh x\right]_0^a = \sinh a$ ∎

例題 1.12.2 双曲線 $y = \sqrt{1 + x^2}$ と $y = 0$, $x = 0$, $x = a$ の囲む部分の面積 S を求めよ.

【解】 $S = \displaystyle\int_0^a \sqrt{1 + x^2}\, dx = \frac{1}{2}\left[x\sqrt{1 + x^2} + \log(x + \sqrt{1 + x^2})\right]_0^a$
$$= \frac{1}{2}\left(a\sqrt{1 + a^2} + \log(a + \sqrt{1 + a^2})\right)$$ ∎

● **練習問題 1.12.1** サイクロイド $\begin{cases} x = a(t - \sin t) \\ y = a(1 - \cos t) \end{cases}$ ($0 \leqq t \leqq 2\pi$) が x 軸と囲む部分の面積 S を求めよ.

□ **例題 1.12.3** アステロイド $\begin{cases} x = a\cos^3 t \\ y = a\sin^3 t \end{cases}$ $(0 \leqq t \leqq 2\pi)$ の囲む部分の面積 S を求めよ．

【解】 (例題 1.11.9 を参照のこと)
$$S = 4\int_0^a y(x)\,dx = 4\int_{\frac{\pi}{2}}^0 y(t)\frac{dx(t)}{dt}\,dt = 12a^2\int_0^{\frac{\pi}{2}} \sin^4 t \cos^2 t\,dt$$
$$= 12a^2 \int_0^{\frac{\pi}{2}} (\sin^4 t - \sin^6 t)\,dt$$
$$= 12a^2 \left(\frac{3}{16}\pi - \frac{15}{96}\pi\right) = 12a^2 \frac{3}{96}\pi = \frac{3}{8}\pi a^2 \qquad ■$$

● **練習問題 1.12.2** 楕円 $\dfrac{x^2}{a^2} + \dfrac{y^2}{b^2} = 1$ の囲む部分の面積 S を求めよ．

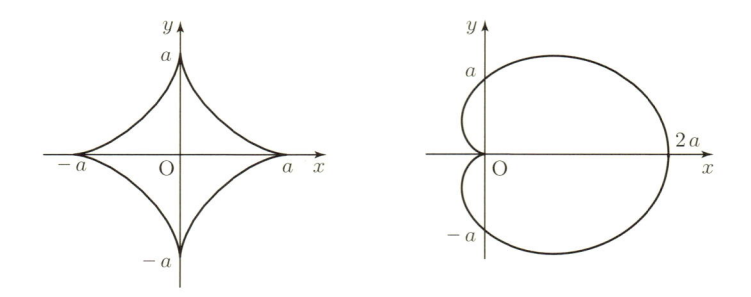

図 1.10 アステロイド (左), カージオイド (右)

□ **例題 1.12.4** 心臓形 (カージオイド) $r = a(1 + \cos\theta)$ $(0 \leqq \theta \leqq 2\pi)$ の囲む部分の面積 S を求めよ．

【解】
$$S = \frac{1}{2}\int_0^{2\pi} r(\theta)^2\,d\theta = \frac{a^2}{2}\int_0^{2\pi} (1 + \cos\theta)^2\,d\theta$$
$$= \frac{a^2}{2}\int_0^{2\pi} (1 + 2\cos\theta + \cos^2\theta)\,d\theta$$
$$= \frac{a^2}{2}\left[\frac{3}{2}\theta + 2\sin\theta + \frac{1}{4}\sin 2\theta\right]_0^{2\pi} = \frac{3}{2}\pi a^2 \qquad ■$$

1.12.2 体積の計算

関数 $y = f(x)$ $(a \leqq x \leqq b)$ を x 軸のまわりに回転してできる回転体の体積 V は次の式で計算できる.

$$V = \pi \int_a^b (f(x))^2 \, dx$$

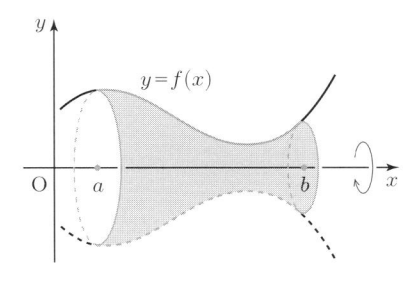

図 1.11 体 積

なお，与えられた関数を y 軸のまわりに回転する場合も同様に考えることができる.

□ **例題 1.12.5** 放物線 $y = \sqrt{1-x}$ $(0 \leqq x \leqq 1)$ を x 軸のまわりに回転してできる回転体の体積 V を求めよ.

【解】 $V = \pi \displaystyle\int_0^1 y^2 \, dz = \pi \int_0^1 (1-x) \, dx = \pi \left[x - \dfrac{x^2}{2} \right]_0^1 = \dfrac{\pi}{2}$. ■

□ **例題 1.12.6** 底面の半径 r，高さ h の円錐の体積 V を求めよ.

【解】 問題の円錐は，直線 $y = \dfrac{r}{h}x$ $(0 \leqq x \leqq h)$ を x 軸のまわりに回転すると実現できる．したがって求める体積は，

$$V = \pi \int_0^h y^2 \, dz = \pi \int_0^h \dfrac{r^2}{h^2} x^2 \, dx = \dfrac{\pi r^2 h}{3}.$$ ■

☐ **例題 1.12.7** 下底面の半径 R, 上底面の半径 r, 高さ h の円錐台の体積 V を求めよ.

【解】 問題の円錐台は直線 $y = \dfrac{R-r}{h}x \ \left(\dfrac{hr}{R-r} \leqq x \leqq \dfrac{hR}{R-r}\right)$ を x 軸のまわりに回転すると実現できる. したがって求める体積は,

$$V = \pi \int_{\frac{hr}{R-r}}^{\frac{hR}{R-r}} \left(\frac{R-r}{h}x\right)^2 dx$$

$$= \frac{(n-r)^2}{3h^2}\left\{\left(\frac{hR}{R-r}\right)^3 - \left(\frac{hr}{R-r}\right)^3\right\}$$

$$= \frac{\pi h}{3}(R^2 + Rr + r^2). \quad \blacksquare$$

☐ **例題 1.12.8** (ベルトラミ擬球面の体積)

$$y = a\log\frac{a+\sqrt{a^2-x^2}}{x} - \sqrt{a^2-x^2} \quad (a > 0,\ 0 < x \leqq a)$$

を y 軸のまわりに回転してできる回転体 (ベルトラミ擬球面) の体積 V を求めよ.

【解】 求める体積は, $V = \pi\int_0^\infty x^2\,dy$ という無限区間の積分になる. しかし, ここで独立変数を y から x に変えると有限区間上の積分になる.

$y : 0 \to \infty$ のとき $x : a \to 0$, $\dfrac{dy}{dx} = -\dfrac{\sqrt{a^2-x^2}}{x}$ である. したがって,

$$V = \pi\int_0^\infty x^2\,dy = \pi\int_a^0 x^2\frac{dy}{dx}\,dx$$

$$= \pi\int_0^a x\sqrt{a^2-x^2}\,dx$$

$$= \left[-\frac{1}{3}(a^2-x^2)^{\frac{3}{2}}\right]_0^a = \frac{1}{3}\pi a^3. \quad \blacksquare$$

1.13 曲線の長さ

ここでは曲線の長さの計算法[29]について説明する.

平面曲線の長さの計算法 I

$y = f(x)$ のグラフ上の二点 $(a, f(a)), (b, f(b))$ の間の曲線の長さ L は次で求められる.
$$L = \int_a^b \sqrt{1 + (f'(x))^2}\, dx$$

平面曲線の長さの計算法 II

曲線 $(x(t), y(t))$ $(\alpha \leqq t \leqq \beta)$ の長さ L は次で求められる.
$$L = \int_\alpha^\beta \sqrt{x'(t)^2 + y'(t)^2}\, dt$$

説明 t を時間と考えると,曲線上の点 $(x(t), y(t))$ における速度ベクトルは $(x'(t), y'(t))$ であり,その大きさは $\sqrt{x'(t)^2 + y'(t)^2}$ である.したがって, $a \leqq t \leqq b$ の間に進む距離は $L = \int_a^b \sqrt{x'(t)^2 + y'(t)^2}\, dt$ である.このように考えると,上の公式(**平面曲線の長さの計算法 II**)はほとんどあたりまえに思えてくる.特に媒介変数 t として x を採用すると $(x'(t), y'(t)) = (1, f'(x))$ なので**平面曲線の長さの計算法 I** を得る.

平面曲線の長さの計算法 III

曲線 $r = f(\theta)$ $(\alpha \leqq \theta \leqq \beta)$ の長さ L は次で求められる.
$$L = \int_\alpha^\beta \sqrt{r(\theta)^2 + r'(\theta)^2}\, d\theta$$

説明 平面曲線の長さの計算法 II に極座標表示 $\begin{cases} x(\theta) = r(\theta)\cos\theta \\ y(\theta) = r(\theta)\sin\theta \end{cases}$ を用いればよい.

---

[29] 曲線の長さの計算がなぜ重要か? 曲面上の曲線の弧長を計算するには,考えている曲面のもつリーマン計量が関係してくるのである.この辺のことについては,微分幾何学の本を参照してほしい.

―― 空間曲線の長さの計算法 ――

空間曲線 $(x(t), y(t), z(t))$ $(\alpha \leqq t \leqq \beta)$ の長さ L は次で求められる.
$$L = \int_\alpha^\beta \sqrt{x'(t)^2 + y'(t)^2 + z'(t)^2}\, dt$$

以下で,さまざまな計算例をみてみよう.

☐ **例題 1.13.1** 懸垂線 $y = \cosh x = \dfrac{e^x + e^{-x}}{2}$ 上の二点 $(0, 1)$,$(a, \cosh a)$ の間の曲線の長さ L を求めよ.

【解】 $L = \displaystyle\int_0^a \sqrt{1 + (y')^2}\, dx = \int_0^a \cosh x\, dx = \sinh a.$ ∎

☐ **例題 1.13.2** $y = \log(\cos x)$ 上の二点 $(0, 0)$,$\left(\dfrac{\pi}{4}, \log\dfrac{1}{\sqrt{2}}\right)$ の間の曲線の長さ L を求めよ.

【解】 $L = \displaystyle\int_0^{\frac{\pi}{4}} \sqrt{1 + (y')^2}\, dx = \int_0^{\frac{\pi}{4}} \dfrac{dx}{\cos x}$

$$= \left[\log\left(\dfrac{1 + \sin x}{\cos x}\right)\right]_0^{\frac{\pi}{4}} = \log(1 + \sqrt{2})$$ ∎

☐ **例題 1.13.3** $y^2 = x^3$ 上の二点 $(0, 0)$,$(1, 1)$ の間の曲線の長さ L を求めよ.

【解】 $L = \displaystyle\int_0^1 \sqrt{1 + \dfrac{9}{4}x}\, dx = \left[\dfrac{8}{27}\left(1 + \dfrac{9}{4}x\right)^{\frac{3}{2}}\right]_0^1 = \dfrac{13}{27}\sqrt{13}$

【別解】 $x = t^2$,$y = t^3$ $(0 \leqq t \leqq 1)$ より,

$$L = \int_0^1 \sqrt{(2t)^2 + (3t^2)^2}\, dt = \int_0^1 \sqrt{4t^2 + 9t^4}\, dt = \dfrac{13}{27}\sqrt{13}.$$ ∎

1.13 曲線の長さ

例題 1.13.4 サイクロイド $\begin{cases} x = a(t - \sin t) \\ y = a(1 - \cos t) \end{cases}$ $(0 \leqq t \leqq 2\pi)$ の長さ L を求めよ (図 1.12).

【解】
$$L = \int_0^{2\pi} \sqrt{(x')^2 + (y')^2}\, dt = 2a \int_0^{2\pi} \sqrt{1 - \cos t}\, dt$$
$$= 2a \int_0^{2\pi} \sin \frac{t}{2}\, dt$$
$$= 4a \int_0^{\pi} \sin t\, dt = 4a \big[-\cos t \big]_0^{\pi} = 8a \qquad \blacksquare$$

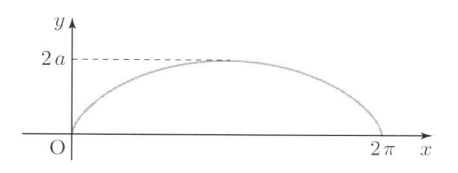

図 1.12 サイクロイド

例題 1.13.5 アステロイド $\begin{cases} x = (\cos t)^3 \\ y = (\sin t)^3 \end{cases}$ $(0 \leqq t \leqq 2\pi)$ の長さ L を求めよ.

【解】
$$L = \int_0^{2\pi} \sqrt{(x')^2 + (y')^2}\, dt$$
$$= 3 \int_0^{2\pi} \cos t \sin t\, dt = \frac{3}{2} \int_0^{2\pi} \sin 2t\, dt = 6 \qquad \blacksquare$$

例題 1.13.6 心臓形 (カージオイド) $r = a(1 + \cos\theta)$ $(0 \leqq \theta \leqq 2\pi)$ の長さ L を求めよ.

【解】 $r' = -a\sin\theta$ より,
$$r^2 + r'^2 = a^2(1 + \cos\theta)^2 + a^2 \sin^2\theta$$
$$= 2a^2(1 + \cos\theta) = 4a^2 \cos^2 \frac{\theta}{2}.$$

$$\therefore\ L = \int_{-\pi}^{\pi} \sqrt{r^2 + r'^2}\, d\theta$$

$$= \int_{-\pi}^{\pi} 2a \cos \frac{\theta}{2}\, d\theta$$

$$= 8a \int_0^{\frac{\pi}{2}} \cos\theta\, d\theta = 8a \bigl[\sin\theta\bigr]_0^{\frac{\pi}{2}} = 8a \qquad \blacksquare$$

□ **例題 1.13.7** 空間曲線 $x = a\cos t,\ y = a\sin t,\ z = bt\ (0 \leqq t \leqq 2\pi)$ の曲線の長さ L を求めよ．

【解】
$$L = \int_0^{2\pi} \sqrt{(x')^2 + (y')^2 + (z')^2}\, dt$$

$$= \int_0^{2\pi} \sqrt{a^2 + b^2}\, dt = \sqrt{a^2+b^2}\,\bigl[t\bigr]_0^{2\pi} = 2\pi\sqrt{a^2+b^2} \qquad \blacksquare$$

次は，**特殊な置換積分**を用いた曲線の長さの計算法である．

□ **例題 1.13.8** 放物線 $y = \dfrac{x^2}{2}$ 上の二点 $(0,0), \left(a, \dfrac{a^2}{2}\right)$ の間の曲線の長さ L を求めよ．

【解】
$$L = \int_0^a \sqrt{1+x^2}\, dx$$

$$= \left[\frac{1}{2}x\sqrt{x^2+1} + \frac{1}{2}\log(x+\sqrt{x^2+1})\right]_0^a$$

$$= \frac{1}{2}a\sqrt{a^2+1} + \frac{1}{2}\log(a+\sqrt{a^2+1}) \qquad \blacksquare$$

最後に，**曲線の長さの計算ができない例**をあげる．

以下の例は，すべて計算ができない例である．すべて楕円積分という特殊な積分になる[30]．

---

[30] 楕円積分がなぜ計算できないのか？ という研究から始まった楕円関数の理論は非常に深い理論であり，現在，暗号理論などで使われている．

1.13 曲線の長さ

(1) 楕円 $\dfrac{x^2}{a^2} + \dfrac{y^2}{b^2} = 1$ の長さ．

(2) 双曲線 $x^2 - y^2 = 1$ 上の二点 $(1,0)$, $(a, \sqrt{a^2-1})$ の間の曲線の長さ．

などがある．

次の問題など，一見，大学入試に出題されそうであるが，じつは計算ができない．

(3) $y = \sin x$ 上の二点 $(0,0)$, $(\pi, 0)$ の間の曲線の長さ．

注意： 紙で作った円柱を斜めに切るとその切り口は楕円である．それを展開すると切り口の楕円は正弦関数になる．したがって，楕円の長さを求めることと正弦関数の長さを求めることは同じ問題である．

1.14 広義積分

広義積分には,大きく分けて2種類ある.

(1) 無限区間上の積分.
(2) 積分区間は有限であるが,被積分関数が積分区間の端点で無限大になる場合.

広義積分 I

(1) 無限区間での広義積分は次のように計算する.

$$\int_0^{+\infty} f(x)\,dx = \lim_{R \to \infty} \int_0^R f(x)\,dx,$$

$$\int_{-\infty}^{+\infty} f(x)\,dx = \lim_{R \to \infty} \int_{-R}^R f(x)\,dx,$$

$$\int_{-\infty}^0 f(x)\,dx = \lim_{R \to \infty} \int_{-R}^0 f(x)\,dx.$$

右辺の極限が存在する場合に広義積分は**収束する**という.

---

(1) $y = e^{-x^2}$

(2)

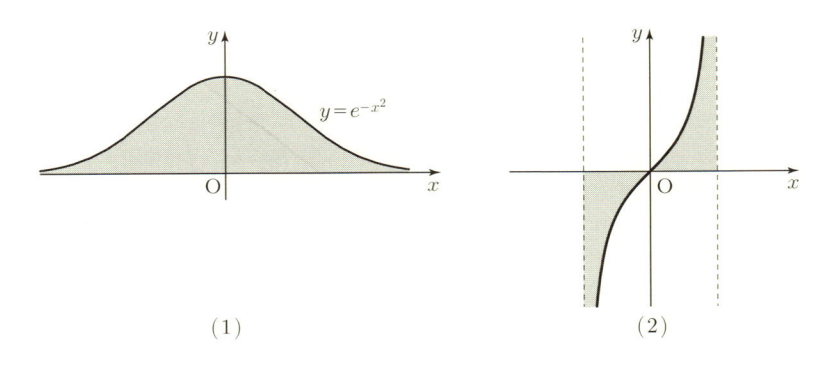

図 1.13

広義積分 II

(2) 被積分関数が積分区間の端点で無限大になる場合は,次のように計算する.

$$\int_a^b f(x)\,dx = \lim_{\varepsilon \to 0} \int_{a+\varepsilon}^{b-\varepsilon} f(x)\,dx$$

1.14 広義積分

1.14.1 広義積分の計算例

広義積分の計算法を具体的な例で解説する．上記の (1) の場合：

例 1　$\displaystyle\int_0^{+\infty} \frac{1}{1+x^2}\,dx = \lim_{R\to+\infty}\int_0^R \frac{1}{1+x^2}\,dx = \lim_{R\to\infty}\left[\tan^{-1} x\right]_0^R$

$\displaystyle\qquad\qquad = \lim_{R\to\infty}\tan^{-1} R = \frac{\pi}{2}$

例 2　$\displaystyle\int_0^{+\infty} e^{-x}\,dx = \lim_{R\to+\infty}\int_0^R e^{-x}\,dx = \lim_{R\to\infty}\left[-e^{-x}\right]_0^R = \lim_{R\to\infty}(1-e^{-R}) = 1$

例 3　$\displaystyle\int_0^{+\infty} \frac{\sin x}{x}\,dx = \lim_{R\to+\infty}\int_0^R \frac{\sin x}{x}\,dx = \frac{\pi}{2}$

● 練習問題 1.14.1　$\displaystyle\int_{-\infty}^{+\infty} e^{-|x|}\,dx = \lim_{R\to+\infty}\int_{-R}^{+R} e^{-|x|}\,dx$ の値を求めよ．

● 練習問題 1.14.2　$\displaystyle\int_{-\infty}^0 e^x\,dx = \lim_{R\to\infty}\int_{-R}^0 e^x\,dx$ の値を求めよ．

次に，上記の (2) の場合：

例 4　$\displaystyle\int_0^1 \frac{1}{\sqrt{x}}\,dx = \lim_{\varepsilon\to 0}\int_\varepsilon^1 \frac{1}{\sqrt{x}}\,dx = \lim_{\varepsilon\to 0}\left[2x^{\frac{1}{2}}\right]_\varepsilon^1 = \lim_{\varepsilon\to 0}\left(2 - 2\varepsilon^{\frac{1}{2}}\right) = 2$

例 5　$\displaystyle\int_0^1 \frac{1}{\sqrt{1-x^2}}\,dx = \lim_{\varepsilon\to 0}\int_0^{1-\varepsilon} \frac{1}{\sqrt{1-x^2}}\,dx = 2\lim_{\varepsilon\to 0}\left[\sin^{-1} x\right]_0^{1-\varepsilon}$

$\displaystyle\qquad\qquad = \lim_{\varepsilon\to 0}\sin^{-1}(1-\varepsilon) = \frac{\pi}{2}$

□ 例題 1.14.1　曲線 $y = \sqrt{1-x^2}$ $(-1 \leqq x \leqq 1)$ の長さを求めよ．

【解】　$\sqrt{1+y'(x)^2} = \dfrac{1}{\sqrt{1-x^2}}$ であるので，求める曲線の長さは $\displaystyle\int_{-1}^1 \frac{1}{\sqrt{1-x^2}}\,dx$
に等しい．したがって，

$$\int_{-1}^1 \frac{1}{\sqrt{1-x^2}}\,dx = 2\int_0^1 \frac{1}{\sqrt{1-x^2}}\,dx$$

$$= 2\lim_{\varepsilon\to 0}\int_0^{1-\varepsilon} \frac{1}{\sqrt{1-x^2}}\,dx$$

$$= 2\lim_{\varepsilon\to 0}\left[\sin^{-1} x\right]_0^{1-\varepsilon}$$

$$= 2\lim_{\varepsilon\to 0}\sin^{-1}(1-\varepsilon) = 2\frac{\pi}{2} = \pi. \qquad\blacksquare$$

● 練習問題 1.14.3　$\int_0^1 \frac{1}{\sqrt{1-x}}\,dx = \lim_{\varepsilon \to 0} \int_0^{1-\varepsilon} \frac{1}{\sqrt{1-x}}\,dx$ の値を求めよ．

次の例は，被積分関数が積分区間の端点で ∞ になる場合である．

例 6　$\int_0^{+\infty} \frac{1}{x^2 + a^2}\,dx = \int_0^{+\infty} \frac{1}{(au)^2 + a^2}(a\,du) = \frac{1}{a}\int_0^{+\infty} \frac{1}{1+u^2} = \frac{\pi}{2a}$

● 練習問題 1.14.4　$\int_{-\infty}^{+\infty} \frac{1}{x^2 + a^2}\,dx$ の値を求めよ．

● 練習問題 1.14.5　$\int_2^{+\infty} \frac{1}{x^2 - 1}\,dx$ の値を求めよ．

● 練習問題 1.14.6　$\int_0^{+\infty} \frac{1}{x^2 - x + 1}\,dx$ の値を求めよ．

□ 例題 1.14.2　$\int_{-\infty}^{+\infty} \left(\frac{\sin x}{x}\right)^2 dx = \int_{-\infty}^{+\infty} \frac{\sin x}{x}\,dx$ を示せ．

【解】　部分積分を使う．

$$\int_{-\infty}^{+\infty} \left(\frac{\sin x}{x}\right)^2 dx = \lim_{R \to \infty} \int_{-R}^{R} \left(\frac{\sin x}{x}\right)^2 dx$$

$$= \lim_{R \to \infty} \int_{-R}^{R} \left(-\frac{1}{x}\right)' \sin^2 x\,dx$$

$$= \lim_{R \to \infty} \left(\left[-\frac{1}{x}\sin^2 x\right]_{-R}^{R} + \int_{-R}^{R} \frac{(\sin^2 x)'}{x}\,dx \right)$$

$$= \lim_{R \to \infty} \int_{-R}^{R} \left(\frac{2\sin x \cos x}{x}\right) dx$$

$$= \lim_{R \to \infty} \int_{-R}^{R} \frac{\sin 2x}{x}\,dx$$

$$= \int_{-\infty}^{+\infty} \frac{\sin x}{x}\,dx \qquad \blacksquare$$

● 練習問題 1.14.7　$\int_{-\infty}^{+\infty} \frac{1-\cos x}{x^2}\,dx = \int_{-\infty}^{+\infty} \frac{\sin x}{x}\,dx$ を示せ．

1.14.2 ガンマ関数 $\Gamma(x)$ とベータ関数 $B(p,q)$

広義積分の例として，ガンマ関数 $\Gamma(x)$ とベータ関数 $B(p,q)$ を紹介する[31]．ガンマ関数 $\Gamma(x)$ とベータ関数 $B(p,q)$ は，確率・統計，素粒子論をはじめとする数学，物理などさまざまな分野で登場する．

ガンマ関数 $\Gamma(x)$ とベータ関数 $B(p,q)$ の定義

$$\Gamma(x) = \int_0^\infty e^{-t} t^{x-1}\, dt \quad (x > 0),$$

$$B(p,q) = \int_0^\infty t^{p-1}(1-t)^{q-1}\, dt \quad (p > 0,\ q > 0)$$

● 練習問題 **1.14.8** 次の式の値を求めよ．
 (1) $\Gamma(1)$ (2) $\Gamma(n+1)$

● 練習問題 **1.14.9** 次の式の値を求めよ．
 (1) $B\left(\frac{1}{2}, \frac{1}{2}\right)$ (2) $B(n, 1)$

● 練習問題 **1.14.10** 次を示せ．
 (1) $B(q,p) = B(p,q)$ (2) $\Gamma(x+1) = x\Gamma(x)$

● 練習問題 **1.14.11**
 (1) $\int_0^{\frac{\pi}{2}} \sin^n \theta\, d\theta$ をベータ関数を用いて表せ．
 (2) $\int_0^\infty e^{-x^2}\, dx$ をガンマ関数を用いて表せ．

次が知られている．

ガンマ関数 $\Gamma(x)$ と三角関数の関係

$$\Gamma(x)\Gamma(1-x) = \frac{\pi}{\sin \pi x}$$

これの証明については，複素関数論の知識が必要なのでここでは省略する．

● 練習問題 **1.14.12** 次の式の値を求めよ．
 (1) $\Gamma\left(\frac{1}{2}\right)$ (2) $\Gamma\left(\frac{3}{2}\right)$

さらに，次が知られている．

---
[31] ガンマ関数とベータ関数の詳細については，犬井鉄郎：特殊関数，岩波全書 (1976)，あるいは，ホックシタット：特殊関数，培風館 (1974) などを参照してほしい．

ガンマ関数とベータ関数の関係

$$B(p,q) = \frac{\Gamma(p)\Gamma(q)}{\Gamma(p+q)}$$

これについては，重積分の変数変換のところで証明する (2.11.2 項参照).

▫ 例題 1.14.3 (ガンマ関数とベータ関数の関係) ガンマ関数とベータ関数の関係を利用して，次の積分の値を求めよ．

$$\int_0^1 t^m (1-t)^n \, dt$$

【解】
$$\int_0^1 t^m(1-t)^n \, dt = B(m+1, n+1)$$
$$= \frac{\Gamma(m+1)\Gamma(n+1)}{\Gamma(m+n+2)} = \frac{m!\, n!}{(m+n+1)!} \quad\blacksquare$$

次が知られている．

ガンマ関数の倍角公式

$$\Gamma(2x) = \frac{1}{\sqrt{\pi}} 2^{2x-1} \Gamma\left(x+\frac{1}{2}\right) \Gamma(x)$$

次のスターリングの公式は，確率・統計，統計力学などで使用される．

スターリングの公式

$$\Gamma(n+1) = n! \sim \sqrt{2\pi n}\, e^{-n} n^n, \qquad \lim_{n\to\infty} \frac{n!}{\sqrt{2\pi n}\, e^{-n} n^n} = 1$$

▫ 例題 1.14.4 ($n!$ と n^n の関係) スターリングの公式を利用して，次の極限値を求めよ．

$$\lim_{n\to\infty} \left(\frac{n!}{n^n}\right)^{\frac{1}{n}}$$

【解】 $\displaystyle\lim_{n\to\infty} \left(\frac{n!}{n^n}\right)^{\frac{1}{n}} = \lim_{n\to\infty} \left(\frac{\sqrt{2\pi n}\, e^{-n} n^n}{n^n}\right)^{\frac{1}{n}} = \lim_{n\to\infty} \left(\sqrt{2\pi n}\right)^{\frac{1}{n}} e^{-1} = \frac{1}{e}$ $\blacksquare$

1.14 広義積分

□ **例題 1.14.5** コインを $2n$ 回投げる.表と裏がちょうど n 回出る確率を p_n とおく.

(1) p_n を求めよ.

(2) スターリングの公式を利用して次の極限値を求めよ.
$$\lim_{n\to\infty} p_n, \qquad \lim_{n\to\infty} \sqrt{n}\, p_n$$

【解】 (1) ${}_{2n}\mathrm{C}_n \left(\dfrac{1}{2}\right)^n$

(2) $\displaystyle\lim_{n\to\infty} p_n = \lim_{n\to\infty} {}_{2n}\mathrm{C}_n \left(\frac{1}{2}\right)^n = \lim_{n\to\infty} \frac{(2n)!}{n!\,n!} \left(\frac{1}{2}\right)^n$

$\displaystyle\qquad = \lim_{n\to\infty} \frac{(2n)^{2n} e^{-2n} \sqrt{4\pi n}}{n^{2n} e^{-2n} 2\pi n} \left(\frac{1}{2}\right)^n = \lim_{n\to\infty} \frac{1}{\sqrt{\pi n}} = 0,$

$\displaystyle\lim_{n\to\infty} \sqrt{n}\, p_n = \frac{1}{\sqrt{\pi}}.$ ∎

1.15 演習問題 A

1.15.1 前期試験を突破するするための確認試験 I

1. 次の式の値を求めよ.

(1) $e^{\frac{\pi}{6}i}$ (2) $\arccos\left(\dfrac{1}{2}\right)$ (3) $\displaystyle\lim_{x\to 0}\dfrac{\tan^{-1}x - x}{x^3}$

(4) $\displaystyle\lim_{x\to 0}\dfrac{\arcsin x + \sin x}{x}$ (5) $\displaystyle\int_0^\infty \dfrac{1}{1+x^2}\,dx$ (6) $\displaystyle\int_1^\infty \dfrac{1}{e^x + e^{-x}}\,dx$

2. (1) $\log(1-x)$ の $x=0$ におけるテイラー級数 (マクローリン級数) を書け.

(2) $\sinh x$ の $x=0$ におけるテイラー級数 (マクローリン級数) を書け.

3. $p_n = \dfrac{2^n e^{-2}}{n!}$ $(n=0,1,2,\cdots)$ とおく. 次の式の値を求めよ.

(1) $\displaystyle\sum_{n=0}^\infty p_n$ (2) $\displaystyle\sum_{n=0}^\infty n p_n$ (3) $\displaystyle\sum_{n=0}^\infty (n-2)^2 p_n$

4. 次の積分の値を求めよ.

(1) $\displaystyle\int_0^{2\pi} \sin nx \sin mx \, dx$ (2) $\displaystyle\int_0^{2\pi} \cos nx \cos mx \, dx$

(3) $\displaystyle\int_0^{2\pi} \sin nx \cos mx \, dx$ $(m, n \in \mathbb{Z})$

1.15.2 前期試験を突破するするための確認試験 II

1. 次の式の値を求めよ.

(1) $\dfrac{d}{dx}\log(x+\sqrt{x^2+1})$ (2) $\tan^{-1}\left(\dfrac{1}{\sqrt{3}}\right)$ (3) $\displaystyle\lim_{x\to 0}\dfrac{3^x - 1}{x}$

(4) $\displaystyle\lim_{x\to 0}\dfrac{\sin x - x}{x^3}$ (5) $\displaystyle\int_1^\infty \dfrac{1}{e^x - e^{-x}}\,dx$

2. (1) xe^{-x^2} $(-\infty < x < \infty)$ のグラフを描け.

(2) xe^{-x^2} $(-\infty < x < \infty)$ の最大値, 最小値を求めよ.

(3) xe^{-x^2} の $x=0$ におけるテイラー級数 (マクローリン級数) を書け.

3. $a_n = \displaystyle\int_0^\infty x^n e^{-x}\,dx$ $(n=1,2,\cdots)$ とおく.

(1) a_1 を求めよ.

(2) 部分積分を用いて a_n の満たす漸化式を導け.

(3) a_n を求めよ.

4. $f(x)$ は原点で微分可能であり, 関数方程式 $f(x+y) = f(x) + f(y)$ を満たしている. $f(x)$ を求めよ.

1.15.3 大学院入試を突破するするための確認試験

1. 次の式の値を求めよ．

(1) $e^{\frac{\pi}{4}i}$ (2) $\arcsin\left(\frac{1}{2}\right)$ (3) $\lim_{x\to 0}\frac{3^x - 2^x}{x}$ (4) $\lim_{x\to 0}\frac{\sin x - x - \frac{x^3}{6}}{x^5}$

(5) $\int_0^1 \frac{1}{\sqrt{1+x^2}}\,dx$ (6) $\int_0^\infty \frac{1}{e^x + e^{-x}}\,dx$ (7) $\int_a^b \frac{1}{\sqrt{(x-a)(b-x)}}\,dx$

2. (1) $\tan^{-1} x$ の $x=0$ におけるテイラー級数 (マクローリン級数) を書け．

(2) $\sin x$ の $x=0$ におけるテイラー級数 (マクローリン級数) を書け．

(3) $\dfrac{\sin x}{x}$ の $x=0$ におけるテイラー級数 (マクローリン級数) を書け．

3. $p_n = \dfrac{a^n e^{-a}}{n!}$ $(n=0,1,2,\cdots)$ とおく．次の式の値を求めよ．

(1) $\sum_{n=0}^{\infty} p_n$ (2) $\sum_{n=0}^{\infty} n p_n$ (3) $\sum_{n=0}^{\infty} (n-a)^2 p_n$

4. $a_{n,m} = \int_0^1 x^n (1-x)^m \, dx$ $(m, n = 1, 2, \cdots)$ とおく．

(1) $a_{1,1}$ を求めよ．

(2) 部分積分を用いて $a_{m,n}$ の満たす漸化式を導け．

(3) $a_{m,n}$ を求めよ．

5. $E_n(x,t) = \left(\dfrac{1}{4\pi t}\right)^{\frac{n}{2}} e^{-\frac{x^2}{4t}}$ $(t > 0,\ x^2 = x_1^2 + x_2^2 + \cdots + x_n^2)$ とおく．このとき，$\int_0^\infty E_n(x,t)\,dt$ $(n>2)$ の値を求めよ．

6. $\int_0^1 \dfrac{1}{1+x^3}\,dx$ の値を求めよ．

7. $\int_0^\infty \dfrac{1}{1+x^3}\,dx$ の値を求めよ．

8. $\int_{-\infty}^\infty \dfrac{\sin nx}{x}\dfrac{\sin mx}{x}\,dx$ $(m, n \in \mathbb{Z})$ の値を求めよ．

9. $F(s) = \int_0^\infty \dfrac{\sin x}{x} e^{-sx}\,dx$ $(s > 0)$ とおく．

(1) $\dfrac{dF(s)}{ds}$ を求めよ．

(2) $\lim_{s\to +\infty} F(s) = 0$ を示せ．

(3) $F(s)$ を求めよ．

(4) $\lim_{s\to 0} F(s)$ を計算して $\int_0^\infty \dfrac{\sin x}{x}\,dx$ の値を求めよ．

(5) $\dfrac{\sin x}{x}$ の $x=0$ におけるテイラー級数を利用して $F(s)$ を求めよ．

10. $\displaystyle\int_{-\infty}^{\infty}\dfrac{\sin x}{x}dx=\pi$ を用いて，$\displaystyle\int_{-\infty}^{\infty}\dfrac{\sin ax}{x}dx$ の値を求めよ (**ヒント**：$a>0$, $a=0$, $a<0$ の場合に分けて考える)．

11. $f(x)$ は原点で微分可能であり，関数方程式 $f(x+y)=f(x)f(y)$ を満たしている．$f(x)$ を求めよ．

12. (フルラニ積分)

(1) $\displaystyle\int_{0}^{\infty}\dfrac{f(ax)-f(bx)}{x}dx=f(0)\log\dfrac{b}{a}$ を示せ．

(2) $\displaystyle\int_{0}^{\infty}\dfrac{\cos(ax)-\cos(bx)}{x}dx$ を求めよ．

(3) $\displaystyle\int_{0}^{\infty}\dfrac{e^{-ax}-e^{-bx}}{x}dx\ (a>0,\ b>0)$ を求めよ．

2
多変数関数の微積分

2.1 多変数関数の微分積分の概観

現実の物理現象を記述，解析し理解するためには1変数関数では到底できない．例えば，我々の住んでいる空間は3次元空間である．さらに時間を入れれば4次元である．そこで4変数関数が必要となる．この章では，**多変数関数の微積分**について学ぶ．多変数関数の微積分を理解するのに必要なキーワードは，たったの二つである．

偏微分，重積分

― 高校数学との関係 ―

(1) 独立変数の数が1個，従属変数の数が1個の場合：$y = f(x)$ は，高校数学の範囲．

(2) 独立変数の数が1個，従属変数の数が2個の場合：$(x(t), y(t))$ は，媒介変数表示として高校で教えている．

(3) **独立変数の数が2個以上，従属変数の数が1個の場合をこの章で学ぶ．**

(4) 独立変数の数が2個以上で，従属変数の数も2個以上の場合：$(x(u,v), y(u,v), z(u,v))$ は，通常「ベクトル解析」という講義で学ぶ．

(5) 変数が複素数の関数の理論は「複素関数論」とよばれ，大学2, 3年で習う．

第2章では，上記の (3) の場合を中心に，多変数関数のさまざまな側面について解説する．

まず，多変数関数の例からはじめる．

(1) xy 平面において原点 $(0,0)$ から点 $P(x,y)$ への距離を r とすると，$r = \sqrt{x^2+y^2}$ である．

(2) xy 平面において OP が x 軸の正部分となす角を θ とすると，$\theta = \tan^{-1}\dfrac{y}{x}$ である．

(3) xyz 空間において原点 $(0,0,0)$ から点 (x,y,z) への距離を r とすると，$r = \sqrt{x^2+y^2+z^2}$ である．

(4) 縦の長さが x，横の長さが y である長方形の面積は xy，周の長さは $2(x+y)$ である．

(5) 縦の長さが x，横の長さが y，高さが z である直方体の体積は xyz，表面積は $2(xy+yz+zx)$，周の長さは $2(x+y+z)$ である．

(6) 理想気体において，圧力 p，体積 V，温度 T のとき状態方程式 $pV = nRT$ が成立する．

2.1.1 多変数関数のグラフ

3 次元空間内の集合 $\{(x,y,f(x,y)) \in \mathbb{R}^3\}$ を関数 $z = f(x,y)$ の**グラフ**とよぶ．

注意： 1 変数関数のグラフを作成するときには，増減表という非常に強力な武器があったが，2 変数関数のグラフの場合にはそのようなものはない．関数のもつ対称性などを利用して作図する．

□ **例題 2.1.1** 次の多変数関数のグラフを描け．
(1) $z = \sqrt{1-x^2-y^2}$
(2) $z = \sqrt{1-y^2}$
(3) $z = x^2+y^2$

【解】 (1) $z = \sqrt{1-x^2-y^2}$ の両辺を 2 乗して $z^2 = 1-x^2-y^2$．したがって $x^2+y^2+z^2 = 1$．また $z = \sqrt{1-x^2-y^2} \geqq 0$ である．以上から $z = \sqrt{1-x^2-y^2}$ のグラフは，原点を中心とする半径 1 の球面の上側であることがわかる．

(2) $z = \sqrt{1-y^2}$ の両辺を 2 乗して $z^2 = 1-y^2$．したがって $y^2+z^2 = 1$．また $z = \sqrt{1-y^2} \geqq 0$ である．以上から $z = \sqrt{1-y^2}$ のグラフは，x 軸に沿って無限に延びた半径 1 の円柱の上側であることがわかる．

(3) 平面 $z = a\ (a > 0)$ による $z = x^2+y^2$ のグラフの切り口を考えると $x^2+y^2 = a$ である．したがって切り口は，原点中心，半径 $\sqrt{a}$ の円である．また，

2.1 多変数関数の微分積分の概観

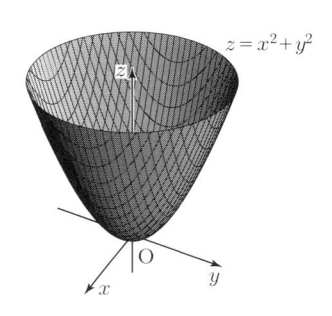

図 2.1　回転放物面 $z = x^2 + y^2$ のグラフ

平面 $y = 0$ による切り口は放物線 $z = x^2$ である。以上から $z = x^2 + y^2$ のグラフは，原点を中心とする半径 1 の回転放物面であることがわかる (図 2.1). ■

注意：　回転放物面は，パラボラアンテナ等で使用されている。

● 練習問題 2.1.1　$z = \sqrt{x^2 + y^2}$ のグラフを描け。

● 練習問題 2.1.2　$z = x^2 - y^2$ のグラフを描け。

2.1.2　多変数関数と 1 変数関数との関係

---
1 変数関数から多変数関数をつくる方法

(1)　$f(x), g(y)$ をそれぞれ x, y の 1 変数関数とする。$F(x, y) = f(x)g(y)$ とおくと $F(x, y)$ は x, y の 2 変数関数である。**変数分離型**の関数とよばれる[1].

(2)　$F(x, y) = f(\sqrt{x^2 + y^2})$ とおくと $F(x, y)$ は x, y の 2 変数関数である。この場合 $z = F(x, y)$ のグラフは，$y = f(x)$ のグラフを z 軸のまわりに回転したものになる。

(3)　$F(x, y) = f(x + y)$ とおくと $F(x, y)$ は x, y の 2 変数関数である。

(4)　$F(x, y, z) = f(\sqrt{x^2 + y^2 + z^2})$ とおくと $F(x, y, z)$ は x, y, z の 3 変数関数である。

(5)　$F(x, y, z) = f(x + y + z)$ とおくと $F(x, y, z)$ は x, y, z の 3 変数関数である。

---

[1]　波動方程式，熱方程式等の偏微分方程式を解く際に使われる。$F(x, y) = f(x)g(y)$ を関数 $f(x)$ と $g(y)$ のテンソル積とよぶこともある。

例えば，(1) の方法の場合に，$f(x) = e^x$, $g(y) = \cos y$ とおくと，

$$F(x,y) = f(x)g(y) = e^x \cos y$$

である．

> **□ 例題 2.1.2** $f(x) = e^{-x^2}$, $g(y) = e^{-y^2}$ とおく．$F(x,y) = f(x)g(y)$ をつくり，$z = F(x,y)$ のグラフを描け．

【解】 $F(x,y) = e^{-(x^2+y^2)}$ であるので $z = F(x,y)$ のグラフは $z = e^{-x^2}$ を z 軸のまわりに回転したものである． ■

注意： これは統計学で現れる **2 次元正規分布**のグラフとなる．

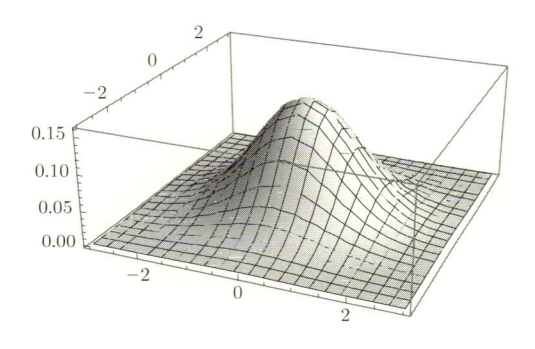

図 2.2 関数 $y = e^{-(x^2+y^2)}$ のグラフ

2.2 多変数関数の極限と偏微分

2.2.1 多変数関数の極限の問題

まず，例として $\lim_{(x,y)\to(0,0)} e^{-(x^2+y^2)}$ の値を求めてみよう．$x = r\cos\theta,\ y = r\sin\theta$ とおく．したがって，

$$\lim_{(x,y)\to(0,0)} e^{-(x^2+y^2)} = \lim_{r\to 0} e^{-r^2} = 1$$

となる．

□ 例題 2.2.1 $\lim_{(x,y)\to(0,0)} \dfrac{x^3 - y^3}{x^2 + y^2}$ の値を求めよ．

【解】 $x = r\cos\theta,\ y = r\sin\theta$ とおく．

$$\lim_{(x,y)\to(0,0)} \frac{x^3 - y^3}{x^2 + y^2} = \lim_{r\to 0} \frac{r^3\cos^3\theta - r^3\sin^3\theta}{r^2} = \lim_{r\to 0} r(\cos^3\theta - \sin^3\theta) = 0 \quad\blacksquare$$

□ 例題 2.2.2 $\lim_{(x,y)\to(0,0)} \dfrac{xy}{x^2 + y^2}$ は存在するか？

【解】 $x = r\cos\theta,\ y = r\sin\theta$ とおく．

$$\lim_{(x,y)\to(0,0)} \frac{xy}{x^2 + y^2} = \lim_{r\to 0} \frac{r^2\cos\theta\sin\theta}{r^2} = \lim_{r\to 0} \cos\theta\sin\theta = \cos\theta\sin\theta$$

したがって，極限値は方向ごとに異なるので存在しない．

【別解】 $y = ax$ とおく．

$$\lim_{(x,y)\to(0,0)} \frac{xy}{x^2 + y^2} = \lim_{r\to 0} \frac{ax^2}{x^2 + a^2 x^2} = \lim_{r\to 0} \frac{a}{1 + a^2} = \frac{a}{1 + a^2}$$

したがって，極限値は方向ごとに異なるので存在しない． $\blacksquare$

● **練習問題 2.2.1** $\lim_{(x,y)\to(0,0)} \dfrac{x^2 - y^2}{x^2 + y^2}$ は存在するか？

2.2.2 偏微分の定義

$$\frac{\partial f(x,y)}{\partial x} = \lim_{h\to 0} \frac{f(x+h, y) - f(x, y)}{h}$$

とおく．$\dfrac{\partial f(x,y)}{\partial x}$ を関数 $f(x,y)$ の x に関する偏微分とよぶ[2]．

$$\frac{\partial f(x,y)}{\partial y} = \lim_{h \to 0} \frac{f(x,y+h) - f(x,y)}{h}$$

とおく．$\dfrac{\partial f(x,y)}{\partial y}$ を関数 $f(x,y)$ の y に関する偏微分とよぶ．

次に，

$$\frac{\partial f(a,b)}{\partial x} = \lim_{h \to 0} \frac{f(a+h,b) - f(a,b)}{h}, \qquad \frac{\partial f(a,b)}{\partial y} = \lim_{h \to 0} \frac{f(a,b+h) - f(a,b)}{h}$$

とおく．$\dfrac{\partial f(a,b)}{\partial x}$ を関数 $f(x,y)$ の (a,b) における x に関する偏微分係数とよぶ．$\dfrac{\partial f(a,b)}{\partial y}$ を関数 $f(x,y)$ の (a,b) における y に関する偏微分係数とよぶ．

注意： (1) $\dfrac{\partial f(x,y)}{\partial x}$, $\dfrac{\partial f(x,y)}{\partial y}$ をそれぞれ省略して f_x, f_y と書くときもある．

(2) $\dfrac{\partial f(x,y)}{\partial x}$, $\dfrac{\partial f(x,y)}{\partial y}$ をそれぞれ関数 $f(x,y)$ の x に関する偏導関数，y に関する偏導関数とよぶときもある．

(3) 定義からわかるように，$\dfrac{\partial f(x,y)}{\partial y}$ を計算する場合には，y を定数と思って関数 $f(x,y)$ を x について微分すればよい．同様に，$\dfrac{\partial f(x,y)}{\partial y}$ を計算する場合には，x を定数と思って関数 $f(x,y)$ を y について微分すればよい．

2.2.3 偏微分の計算例

□ **例題 2.2.3** $f(x,y) = x^2 + y^2$ とおく．$\dfrac{\partial f(x,y)}{\partial x}$ を求めよ．

【解】
$$\begin{aligned}
\frac{\partial (x^2+y^2)}{\partial x} &= \lim_{h \to 0} \frac{f(x+h,y) - f(x,y)}{h} \\
&= \lim_{h \to 0} \frac{(x+h)^2 + y^2 - (x^2+y^2)}{h} = \lim_{h \to 0} \frac{(x+h)^2 - x^2}{h} \\
&= \lim_{h \to 0} \frac{x^2 + 2xh + h^2 - x^2}{h} = \lim_{h \to 0} \frac{2xh + h^2}{h} = 2x \qquad \blacksquare
\end{aligned}$$

---

[2] "∂" は partial(パーシャル) または round(ラウンド) と読む．

2.2 多変数関数の極限と偏微分

● 練習問題 **2.2.2** 次を求めよ．

(1) $\dfrac{\partial(x^2+y^2)}{\partial y}$ (2) $\dfrac{\partial(x^2-y^2)}{\partial y}$

☐ 例題 **2.2.4** $\dfrac{\partial \log(x^2+y^2)}{\partial x}$ を求めよ．

【解】 $\dfrac{\partial \log(x^2+y^2)}{\partial x} = \dfrac{\frac{\partial(x^2+y^2)}{\partial x}}{x^2+y^2} = \dfrac{2x}{x^2+y^2}$ ∎

● 練習問題 **2.2.3** $\dfrac{\partial \log(x^2+y^2)}{\partial y}$ を求めよ．

☐ 例題 **2.2.5** $\dfrac{\partial}{\partial x}\arctan\left(\dfrac{y}{x}\right)$ を求めよ．

【解】 $\dfrac{\partial}{\partial x}\arctan\left(\dfrac{y}{x}\right) = \dfrac{1}{1+\left(\frac{y}{x}\right)^2}\dfrac{\partial}{\partial x}\dfrac{y}{x} = \dfrac{1}{1+\left(\frac{y}{x}\right)^2}\dfrac{-y}{x^2} = \dfrac{-y}{x^2+y^2}$ ∎

● 練習問題 **2.2.4** 次を求めよ．

(1) $\dfrac{\partial}{\partial y}\arctan\left(\dfrac{y}{x}\right)$ (2) $\dfrac{\partial}{\partial x}\arctan\left(\dfrac{x}{y}\right)$ (3) $\dfrac{\partial}{\partial y}\arctan\left(\dfrac{x}{y}\right)$

☐ 例題 **2.2.6** $\dfrac{\partial e^x \sin y}{\partial x}$ を求めよ．

【解】 $\dfrac{\partial e^x \sin y}{\partial x} = \dfrac{\partial e^x}{\partial x}\sin y = e^x \sin y$ ∎

● 練習問題 **2.2.5** $\dfrac{\partial e^x \cos y}{\partial y}$ を求めよ．

● 練習問題 **2.2.6** 次を求めよ．

(1) $\dfrac{\partial x^y}{\partial x}$ (2) $\dfrac{\partial x^y}{\partial y}$

● 練習問題 **2.2.7** 次を求めよ．

(1) $\dfrac{\partial}{\partial x}\sin(x+y)$ (2) $\dfrac{\partial}{\partial y}\cos(x+y)$

2.3 高階の偏微分

2.3.1 高階の偏微分

高階 (高次) の偏微分は，次のように定義される.

$$\frac{\partial^2 f(x,y)}{\partial x^2} = \frac{\partial}{\partial x}\left(\frac{\partial f(x,y)}{\partial x}\right), \qquad \frac{\partial^2 f(x,y)}{\partial y^2} = \frac{\partial}{\partial y}\left(\frac{\partial f(x,y)}{\partial y}\right),$$

$$\frac{\partial^2 f(x,y)}{\partial x \partial y} = \frac{\partial}{\partial y}\left(\frac{\partial f(x,y)}{\partial x}\right), \quad \cdots$$

なお，これらをそれぞれ f_{xx}, f_{yy}, f_{xy}, $\cdots$ と書くこともある．

□ **例題 2.3.1** $\dfrac{\partial^2 (x^2+y^2)}{\partial x^2}$ を求めよ．

【解】 2

● **練習問題 2.3.1** $\dfrac{\partial^2 (x^2-y^2)}{\partial y^2}$ を求めよ．

□ **例題 2.3.2** $\dfrac{\partial^2 e^x \cos y}{\partial y \partial x}$ を求めよ．

【解】 $\dfrac{\partial^2 e^x \cos y}{\partial y \partial x} = \dfrac{\partial e^x}{\partial x}\dfrac{\partial \cos y}{\partial y} = -e^x \sin y$

● **練習問題 2.3.2** $\dfrac{\partial^2 e^x \cos y}{\partial x \partial y}$ を求めよ．

● **練習問題 2.3.3** $\dfrac{\partial^2 e^x \sin y}{\partial y \partial x}$ を求めよ．

□ **例題 2.3.3** $\dfrac{\partial^2 \log(x^2+y^2)}{\partial x^2}$ を求めよ．

【解】 $\dfrac{\partial^2 \log(x^2+y^2)}{\partial x^2} = \dfrac{\partial}{\partial x}\dfrac{2x}{x^2+y^2} = \dfrac{2y^2-2x^2}{(x^2+y^2)^2}$

● **練習問題 2.3.4** $\dfrac{\partial^2 \log(x^2+y^2)}{\partial y^2}$ を求めよ．

2.3 高階の偏微分

例題 2.3.4 $\dfrac{\partial^2}{\partial x^2}\arctan\left(\dfrac{y}{x}\right)$ を求めよ．

【解】 $\dfrac{\partial^2 \arctan\left(\frac{y}{x}\right)}{\partial x^2} = \dfrac{\partial}{\partial x}\dfrac{-y}{x^2+y^2} = \dfrac{2xy}{(x^2+y^2)^2}$ ∎

● **練習問題 2.3.5** $\dfrac{\partial^2}{\partial y^2}\arctan\left(\dfrac{y}{x}\right)$ を求めよ．

2.3.2 ラプラス演算子

次の演算子 Δ は，**ラプラス演算子**，または，**ラプラシアン** (Laplacian) とよばれ，数学，工学，物理学で重要である．

$$\Delta f(x_1, x_2, \cdots, x_n) = \sum_{i=1}^{n} \dfrac{\partial^2 f(x_1, x_2, \cdots, x_n)}{\partial x_i^2}$$

関数 $f(x_1, x_2, \cdots, x_n)$ を省略して $\Delta = \sum_{i=1}^{n} \dfrac{\partial^2}{\partial x_i^2}$ と書くときもある．

● **練習問題 2.3.6** 次を求めよ．
(1) $\Delta(x^2 + y^2)$ (2) $\Delta(x^2 - y^2)$

例題 2.3.5 $\Delta \log(x^2 + y^2)$ を求めよ．

【解】 $\dfrac{\partial^2 \log(x^2+y^2)}{\partial x^2} + \dfrac{\partial^2 \log(x^2+y^2)}{\partial y^2} = \dfrac{2y^2-2x^2}{(x^2+y^2)^2} + \dfrac{2x^2-2y^2}{(x^2+y^2)^2} = 0$ ∎

● **練習問題 2.3.7** $\Delta \arctan\left(\dfrac{y}{x}\right)$ を求めよ．

2.3.3 多変数関数による物理現象の記述例

多くの物理現象は，偏微分方程式で記述される．ここに代表的な偏微分方程式をあげる．$\Delta = \sum_{i=1}^{n} \dfrac{\partial^2}{\partial x_i^2}$ はラプラス演算子である．

--- 波動方程式 ---

$$\dfrac{\partial^2}{\partial t^2} u(x, t) = c^2 \Delta u(x, t)$$

これは波動現象を表す．x は位置，t は時間，c は波の伝播速度，$u(x,t)$ は波の変位を表す．

● 練習問題 2.3.8　$u(x,t) = \sin(x - ct)$ は，波動方程式 $\dfrac{\partial^2}{\partial t^2} u(x,t) = c^2 \dfrac{\partial^2}{\partial x^2} u(x,t)$ の解であることを示せ．

───── 熱方程式，拡散方程式 ─────
$$\frac{\partial}{\partial t} u(x,t) = \Delta u(x,t)$$

この式は，熱現象，拡散現象を表す．

● 練習問題 2.3.9　$u(x,t) = e^{t+x}$ は，熱方程式 $\dfrac{\partial}{\partial t} u(x,t) = \dfrac{\partial^2}{\partial x^2} u(x,t)$ の解であることを示せ．

───── シュレディンガー方程式 ─────
$$ih \frac{\partial}{\partial t} u(x,t) = \Delta u(x,t) + V(x) u(x,t)$$

この式は量子力学ででてくる．虚数単位 i があることに注意しよう．i がなければ熱方程式と同じである．ただし左辺の $V(x)$ はポテンシャル (位置エネルギー)，h はプランク定数である．

───── ラプラス方程式 ─────
$$\Delta u(x,y) = 0$$

この偏微分方程式の解は**調和関数**とよばれる．

● 練習問題 2.3.10　$x^2 - y^2$，$e^x \sin y$，$\log(x^2 + y^2)$ は調和関数であることを示せ．

● 練習問題 2.3.11　$\Delta f = 0$ のとき，$\Delta f^2 = 2\left\{ \left(\dfrac{\partial f}{\partial x}\right)^2 + \left(\dfrac{\partial f}{\partial y}\right)^2 + \left(\dfrac{\partial f}{\partial z}\right)^2 \right\}$ であることを示せ．

───── ヘルムホルツ方程式 ─────
$$\Delta u(x,y) + k^2 u(x,y) = 0$$

2.3 高階の偏微分

波動方程式の定常解としてでてくる．k は定数で，$u(x,y)$ は変位を表す．

● **練習問題 2.3.12** $\dfrac{e^{ikr}}{r}$, $\dfrac{\sin kr}{r}$, $\dfrac{\cos kr}{r}$ はヘルムホルツ方程式 $\Delta u(x,y,z) + k^2 u(x,y,z) = 0$ の解であることを示せ．ただし $r = \sqrt{x^2 + y^2 + z^2}$ である．

最後に，**偏微分の幾何学的意味**を考えてみよう．

平面 $y = b$ による関数 $z = f(x,y)$ のグラフの切り口を考えよう．切り口の方程式は $z = f(x,b)$ である．つまり，偏微分係数 $\dfrac{\partial f(a,b)}{\partial x}$ とは，この曲線 $z = f(x,b)$ の $x = a$ における接線の傾きのことである．同様にして，偏微分係数 $\dfrac{\partial f(a,b)}{\partial y}$ とは，この曲線 $z = f(a,y)$ の $y = b$ における接線の傾きのことである．

2.4　3次元空間における平面，直線，ベクトル

2.4.1　平面と直線の式

$Ax + By + Cz = D$, $Ax_0 + By_0 + Cz_0 = D$ とすると

$$A(x - x_0) + B(y - y_0) + C(z - z_0) = D$$

となり，ベクトル $(x - x_0, y - y_0, z - z_0)$ がベクトル (A, B, C) に垂直であることがわかる．

$$Ax + By + Cz = D$$

は3次元空間においてベクトル (A, B, C) に垂直な平面を表す．いい換えると (A, B, C) は，この平面の法線ベクトルである．

3次元空間における平面と直線の方程式の例をあげよう．

(1)　$Ax + By + Cz = D$ は3次元空間における平面を表す．ベクトル (A, B, C) は，この平面の法線である．

(2)　$\dfrac{x - a}{\alpha} = \dfrac{y - b}{\beta} = \dfrac{z - c}{\gamma}$ は3次元空間における直線の式を表す．

2.4.2　ベクトルの内積と外積

3次元空間におけるベクトルの内積と外積について知らない学生が意外と多いのでここで復習しておく．

2つのベクトル $\vec{a} = (a_1, a_2, a_3)$ と $\vec{b} = (b_1, b_2, b_3)$ の内積 $\vec{a} \cdot \vec{b}$ は，

$$a_1 b_1 + a_2 b_2 + a_3 b_3$$

である．長さ $|\vec{a}|$, $|\vec{b}|$ となす角度 θ がわかっているときには，内積 $\vec{a} \cdot \vec{b}$ は

$$|\vec{a}|\,|\vec{b}| \cos\theta$$

と計算できる．内積は力学における仕事の計算で自然にでてくる．さらに，内積は2つのベクトル $\vec{a}, \vec{b}$ が直交しているかどうかの判別に使うことができる．当然ではあるが，**ベクトルの内積は普通の数**であり，ベクトルではない[3]．

[3)]　試験でベクトルの内積を求める問題をだすと，必ず何人の学生の答えはベクトルになっている！

2.4 3次元空間における平面，直線，ベクトル　　　　　　　　　　　　　　　　　129

ベクトルの内積の性質

(1) $\vec{a} \cdot \vec{b} = a_1 b_1 + a_2 b_2 + a_3 b_3$

(2) $\vec{a} \cdot \vec{b} = |\vec{a}||\vec{b}|\cos\theta$

(3) $\vec{a} \cdot \vec{b} = \vec{b} \cdot \vec{a}$

(4) $\vec{a} \perp \vec{b} \iff \vec{a} \cdot \vec{b} = 0$

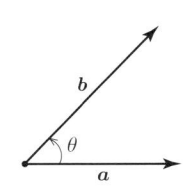

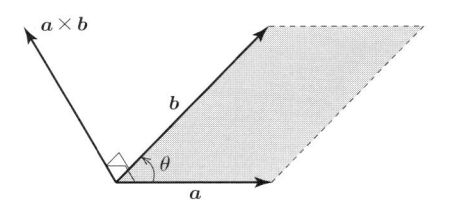

図 2.3　ベクトルの内積と外積

次に，$\vec{a}=(a_1,a_2,a_3)$ と $\vec{b}=(b_1,b_2,b_3)$ の**外積** (ベクトル積ともいう) $\vec{a}\times\vec{b}$ は，$\vec{a}$ と $\vec{b}$ の両方に垂直で大きさは $\vec{a}$ と $\vec{b}$ のつくる平行四辺形の面積に等しい．**ベクトルの外積はベクトル**である．ベクトルの外積の成分を表示するためには行列式が必要である．線形代数学の講義等で習っているとは思うが，念のために書いておく．

$$\begin{vmatrix} a & b \\ c & d \end{vmatrix} = ad - bc$$

である．例えば，$\begin{vmatrix} 2 & 3 \\ 4 & 5 \end{vmatrix} = 2\cdot 5 - 3\cdot 4 = -2$.

ベクトルの外積の性質

(1) $\vec{a}\times\vec{b} \perp \vec{a}$,　$\vec{a}\times\vec{b} \perp \vec{b}$

(2) $|\vec{a}\times\vec{b}| = |\vec{a}||\vec{b}|\sin\theta$

(3) $\vec{a}\times\vec{b} = \left(\begin{vmatrix} a_2 & b_2 \\ a_3 & b_3 \end{vmatrix}, \begin{vmatrix} a_3 & b_3 \\ a_1 & b_1 \end{vmatrix}, \begin{vmatrix} a_1 & b_1 \\ a_2 & b_2 \end{vmatrix} \right)$

(4) $\vec{a}\times\vec{b} = -\vec{b}\times\vec{a}$

●**練習問題 2.4.1**　$\vec{a}=(1,0,0)$, $\vec{b}=(0,1,0)$ とおく．このとき，$\vec{a}\times\vec{b}$, $\vec{b}\times\vec{a}$, $\vec{a}\cdot\vec{b}$ を求めよ．

2.4.3 接平面の式,法線ベクトル,法線

$z = f(x, y)$ とする.グラフ上の点 $(a, b, f(a, b))$ を通過する 2 つの曲線 $(x, b, f(x, b))$, $(a, y, f(a, y))$ の $(a, b, f(a, b))$ における接線ベクトルは,それぞれ

$$(1, 0, f_x(a, b)), \quad (0, 1, f_y(a, b))$$

である.これら 2 つのベクトルの外積を考えると,法線ベクトル

$$(f_x(a, b), f_y(a, b), -1)$$

を得る.したがって,グラフ上の点 $(a, b, f(a, b))$ における接平面の式,法線ベクトルは,次のようになる.

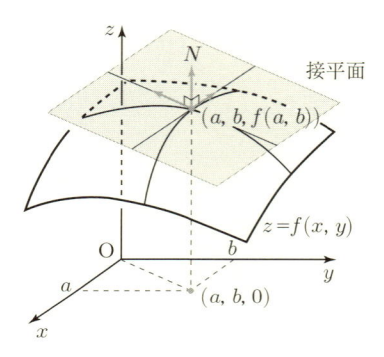

図 2.4

接平面の式

$$z = f_x(a, b)(x - a) + f_y(a, b)(y - b) + f(a, b)$$

法線ベクトル N の式

$$N = (f_x(a, b), \ f_y(a, b), \ -1)$$

法線の式

$$\frac{x - a}{f_x(a, b)} = \frac{y - b}{f_y(a, b)} = \frac{z - f(a, b)}{-1}$$

2.4 3次元空間における平面，直線，ベクトル

> ◻ **例題 2.4.1** $z = x^2 + y^2$ とおく．グラフ上の点 $(1,1,2)$ における法線，法線ベクトル，接平面の式を求めよ．

【解】 法線の式は $\dfrac{x-1}{2} = \dfrac{y-1}{2} = \dfrac{z-2}{-1}$. 法線ベクトルは $(2,2,-1)$, 接平面の式は $z = 2x + 2y - 2$. ∎

● **練習問題 2.4.2** $z = x^2 - y^2$ とおく．グラフ上の点 $(1,1,0)$ における法線，法線ベクトル，接平面の式を求めよ．

● **練習問題 2.4.3** $z = \sqrt{1 - x^2 - y^2}$ とおく．グラフ上の点 $(0,0,1)$ における法線，法線ベクトル，接平面の式を求めよ．

2.5 合成関数の偏微分

2.5.1 合成関数の偏微分の公式

1 変数関数の合成関数の微分の公式は

$$\frac{df(x(t))}{dt} = \frac{df}{dx}\frac{dx}{dt}$$

であった．2 変数関数の合成関数の偏微分の公式は次のようになる．

合成関数の偏微分の公式 I

$$\frac{df(x(t), y(t))}{dt} = \frac{\partial f}{\partial x}\frac{dx}{dt} + \frac{\partial f}{\partial y}\frac{dy}{dt}$$

注意 (合成関数の偏微分の公式の図形的意味)：$z = f(x, y)$ のグラフ $\{(x, y, f(x, y)) : (x, y) \in D\}$ に媒介変数表示 $x = x(t)$, $y = y(t)$ ($\alpha \leqq t \leqq \beta$) を代入すると，空間曲線 $\{(x(t), y(t), f(x(t), y(t))) : \alpha \leqq t \leqq \beta\}$ ができる．この空間曲線の接線ベクトルは $\left(\dfrac{dx(t)}{dt}, \dfrac{dy(t)}{dt}, \dfrac{df(x(t), y(t))}{dt}\right)$ である．これは $z = f(x, y)$ の法線ベクトル $\left(\dfrac{\partial f}{\partial x}, \dfrac{\partial f}{\partial y}, -1\right)$ に垂直なので，内積を計算するとゼロである．つまり

$$\frac{dx(t)}{dt}\frac{\partial f(x)}{\partial x} + \frac{dy(t)}{dt}\frac{\partial f}{\partial y} + \frac{df(x(t), y(t))}{dt}(-1) = 0$$

となる．したがって，

$$\frac{df(x(t), y(t))}{dt} = \frac{dx(t)}{dt}\frac{\partial f}{\partial x} + \frac{dy(t)}{dt}\frac{\partial f}{\partial y}.$$

これが合成関数の偏微分の公式の意味である．

合成関数の偏微分の公式その II

$$\frac{\partial f(x(u, v), y(u, v))}{\partial u} = \frac{\partial f}{\partial x}\frac{\partial x}{\partial u} + \frac{\partial f}{\partial y}\frac{\partial y}{\partial u}$$

$$\frac{\partial f(x(u, v), y(u, v))}{\partial v} = \frac{\partial f}{\partial x}\frac{\partial x}{\partial v} + \frac{\partial f}{\partial y}\frac{\partial y}{\partial v}$$

2.5 合成関数の偏微分

2.5.2 合成関数の偏微分の公式の応用 (平均値の定理)

次が成立する.

多変数関数の平均値の定理

$$f(x,y) - f(a,b) = \frac{\partial f}{\partial x}(a+\theta(x-a), b+\theta(y-b))(x-a)$$
$$+ \frac{\partial f}{\partial y}(a+\theta(x-a), b+\theta(y-b))(y-a)$$

を満たす θ $(0 < \theta < 1)$ が存在する.

多変数関数の平均値の定理を使うと, 次がわかる.

$f(x,y)$ が定数関数であるための条件

領域 D 上で $f_x(x,y) = 0$, $f_y(x,y) = 0$ であるとき, $f(x,y)$ は領域 D 上で定数関数である.

証明 $f(x,y)$ が定数関数のとき $f_x(x,y) = 0$, $f_y(x,y) = 0$ はすぐにわかるので, $f_x(x,y) = 0$, $f_y(x,y) = 0$ であるとき $f(x,y)$ が定数関数であることを示す. 平均値の定理により,

$$f(x,y) - f(a,b) = f_x(a+\theta(x-a), b+\theta(y-b))(x-a)$$
$$+ f_y(a+\theta(x-a), b+\theta(y-b))(y-a)$$

を満たす θ $(0 < \theta < 1)$ が存在する. 仮定から $f_x(x,y) = 0$, $f_y(x,y) = 0$ であるので, 特に

$$f_x(a+\theta(x-a), b+\theta(y-b)) = 0,$$
$$f_y(a+\theta(x-a), b+\theta(y-b)) = 0.$$

したがって

$$f(x,y) - f(a,b) = f_x(a+\theta(x-a), b+\theta(y-b))(x-a)$$
$$+ f_y(a+\theta(x-a), b+\theta(y-b))(y-a) = 0$$

がわかり, $f(x,y)$ は定数関数である. ∎

□ **例題 2.5.1**　関数 $f(x,y) = \tan^{-1}\left(\dfrac{x}{y}\right) + \tan^{-1}\left(\dfrac{y}{x}\right)$ は領域 $D = \{(x,y) \in \mathbb{R}^2 : x > 0,\ y > 0\}$ 上で定数関数であることを示せ．

【解】
$$\frac{\partial}{\partial x}\tan^{-1}\left(\frac{x}{y}\right) = \frac{y}{x^2+y^2},\quad \frac{\partial}{\partial y}\tan^{-1}\left(\frac{x}{y}\right) = \frac{-x}{x^2+y^2},$$

$$\frac{\partial}{\partial x}\tan^{-1}\left(\frac{y}{x}\right) = \frac{-y}{x^2+y^2},\quad \frac{\partial}{\partial y}\tan^{-1}\left(\frac{y}{x}\right) = \frac{x}{x^2+y^2}$$

なので，$f_x(x,y) = 0$, $f_y(x,y) = 0$．したがって $f(x,y)$ は定数関数である．

【別解】　辺の長さが $x, y, \sqrt{x^2+y^2}$ の直角三角形を考えてもわかる． ∎

2.5.3　合成関数の偏微分の公式の応用 (法線ベクトル)

ここでは，勾配ベクトルについて説明する．表記の方法は 2 つある．

(1)　2 次元の場合 $\mathrm{grad}(f) = (f_x, f_y)$,　$\nabla f = (f_x, f_y)$ [4]

(2)　3 次元の場合 $\mathrm{grad}(f) = (f_x, f_y, f_z)$,　$\nabla f = (f_x, f_y, f_z)$

2 次元の場合，勾配ベクトルは等高線 $\{(x,y) : f(x,y) = C\}$ の法線ベクトルになっている．等高線が媒介変数で $(x(t), y(t))$ と表示されたとすると，$f(x(t), y(t)) = C$ (定数) である．$f(x(t), y(t)) = C$ の両辺を t について微分すると，合成関数の微分の公式から

$$f_x \frac{dx(t)}{dt} + f_y \frac{dy(t)}{dt} = 0$$

となる．これはベクトル ∇f が，接線ベクトル $\left(\dfrac{dx(t)}{dt}, \dfrac{dy(t)}{dt}\right)$ が直交していることを意味しているので，∇f は等高線の法線ベクトルであることがわかる．3 次元のときも同様に考えることができる．

---

[4]　∇ は "ナブラ" と読む．

2.6 多変数関数の極値問題

2.6.1 多変数関数の極値問題 I

多変数関数の極値問題を考えるにあたって，束縛条件なしの場合と束縛条件ありの場合がある．分けて説明していこう．

1 変数関数の場合には次の事実があった．

--- 基本的事実 I ---

関数 $y = f(x)$ が点 $x = a$ で極値をとっていると $\dfrac{df(a)}{dx} = 0$ が成り立つ．

2 変数関数の場合には次が成り立つ．

--- 基本的事実 II ---

関数 $f(x, y)$ が点 (a, b) で極値をとっていると $f_x(a, b) = 0$, $f_y(a, b) = 0$ が成り立つ．

証明 例えば，関数 $z = f(x, y)$ が点 (a, b) で極小値をとっていたとする．平面 $y = b$ による関数 $z = f(x, y)$ のグラフの切り口の曲線 $z = f(x, b)$ を考える．この関数は点 $x = a$ で極小をとっている．したがって $f_x(a, b) = 0$ である．次に，平面 $x = a$ による関数 $z = f(x, y)$ のグラフの切り口の曲線 $z = f(a, y)$ を考える．この関数は点 $y = a$ で極小をとっている．したがって $f_y(a, b) = 0$ である． ■

□ **例題 2.6.1** 関数 $f(x, y) = x^2 - 2x + y^2 + 2y$ の極値を求めよ．

【解】 $f_x(x, y) = 2x - 2$, $f_y = 2y + 2$ であるので，$f_x(x, y) = 0$, $f_y(x, y) = 0$ を満たす点は $(x, y) = (1, -1)$ である．

$$f(x, y) = x^2 - 2x + y^2 + 2y = (x - 1)^2 + (y + 1)^2 - 2 \geqq -2$$

であるので，点 $(x, y) = (1, -1)$ で極小値 -2 をとる． ■

□ **例題 2.6.2** 関数 $f(x, y) = e^{-x^2 + 2x - y^2 - 2y}$ の極値を求めよ．

【解】 $f_x(x, y) = 2(1 - x)e^{-x^2 + 2x - y^2 - 2y}$, $f_y(x, y) = -2(y + 1)e^{-x^2 + 2x - y^2 - 2y}$ で

あるので，$f_x(x,y) = 0$, $f_y(x,y) = 0$ を満たす点は $(x,y) = (1,-1)$ である．
$$f(x,y) = e^{-x^2+2x-y^2-2y} = e^{-(x-1)^2-(y+1)^2+2} \leqq e^2$$
であるので，点 $(x,y) = (1,-1)$ で極大値 e^2 をとる． ■

注意： 条件 $f_x(a,b) = 0$, $f_y(a,b) = 0$ は，関数 $f(x,y)$ が点 (a,b) で極値をとるための必要条件である．十分条件ではない．例えば，$f(x,y) = x^2 - y^2$ とおくと，$f_x = 2x$, $f_y = -2y$．したがって，$f_x(a,b) = 0$, $f_y(a,b) = 0$ が同時に成り立つのは $(0,0)$ である．しかし，関数はここで極値をとらない．

2.6.2 多変数関数の極値問題 II (ラグランジュの未定乗数法)

次のような問題の解法について考えよう

例題 2.6.3 (高校数学の復習)
(1)　$x^2 + y^2 = 1$ であるとき，$x + y$ の最大値，最小値を求めよ．
(2)　$x + y = 1$ であるとき，$x^2 + y^2$ の最大値，最小値を求めよ．
(3)　$x^2 + y^2 = 1$ であるとき，xy の最大値，最小値を求めよ．
(4)　$x^2 + y^2 + z^2 = 1$ であるとき，$x + y + z$ の最大値，最小値を求めよ．
(5)　$x^2 + y^2 + z^2 = 1$ であるとき，$xy + yz + zx$ の最大値，最小値を求めよ．
(6)　$x + y + z = 1$ であるとき，$x^2 + y^2 + z^2$ の最大値，最小値を求めよ．

いずれも特に問題なく解くことができよう．

以下では，より一般の多変数関数の極値を求めるための方法を学ぶ．

ラグランジュの未定乗数法

(1)　条件 $g(x,y) = 0$ の下で，$f(x,y)$ の極値 (最大値，最小値，極大値，極小値) を求める方法である．

(2)　条件 $g(x,y,z) = 0$ の下で，$f(x,y,z)$ の極値 (最大値，最小値，極大値，極小値) を求める方法である．

別名，条件付極値問題ともいう．

束縛条件ありの場合，次の**勾配ベクトル**を使うと便利である．表記の方法は 2 つあった (再掲)．

(1)　2 次元の場合 $\mathrm{grad}(f) = (f_x, f_y)$, $\nabla f = (f_x, f_y)$
(2)　3 次元の場合 $\mathrm{grad}(f) = (f_x, f_y, f_z)$, $\nabla f = (f_x, f_y, f_z)$

2.6 多変数関数の極値問題

勾配ベクトルは，等高線の法線ベクトルを表していた．束縛条件 $g(x,y)=0$ のとき，$f(x,y)$ が極値をとる点においては法線ベクトル ∇f, ∇g が互いに平行になっている (上の例題で確かめてみよ)．この事実に注目したのが，ラグランジュの未定乗数法である．このアイディアを勾配ベクトルによって表現すると次のようになる．

勾配ベクトルによる表現

$$\nabla f = \lambda \nabla g$$

□ 例題 2.6.4 $x^2+y^2=1$ であるとき，$x+y$ の最大値，最小値を求めよ．

【解】（**解法その1**） $x=\cos\theta$, $y=\sin\theta$ とおく．

$$x+y = \cos\theta+\sin\theta = \sqrt{2}\left(\frac{1}{\sqrt{2}}\cos\theta+\frac{1}{\sqrt{2}}\sin\theta\right)$$

$$= \sqrt{2}\left(\cos\frac{\pi}{4}\cos\theta+\sin\frac{\pi}{4}\sin\theta\right)$$

$$= \sqrt{2}\cos\left(\theta-\frac{\pi}{4}\right)$$

よって，最大値は $\sqrt{2}$, 最小値は $-\sqrt{2}$.

（**解法その2**） シュワルツの不等式から

$$|x+y| = |1\cdot x+1\cdot y| \leqq \sqrt{1^2+1^2}\cdot\sqrt{x^2+y^2} \leqq \sqrt{2}.$$

よって，$-\sqrt{2}\leqq x+y\leqq\sqrt{2}$. ゆえに最大値は $\sqrt{2}$, 最小値は $-\sqrt{2}$.

（**解法その3**） $x+y=k$ とおく．直線 $x+y=k$ が円 $x^2+y^2=1$ に接するときの k の値を求める．

$y=k-x$ を $x^2+y^2=1$ に代入して

$$x^2+(k-x)^2=1, \qquad \therefore\ 2x^2-2kx+(k^2-1)=0$$

このとき2次方程式の判別式 D は

$$D = k^2-2(k^2-1) = 2-k^2.$$

直線が円に接するときは $D=0$ となるときであるから，$2-k^2=0$. よって $k=\pm\sqrt{2}$ のとき．したがって，最大値は $\sqrt{2}$, 最小値は $-\sqrt{2}$. ∎

□ **例題 2.6.5** $x^2+y^2+z^2=1$ であるとき，$x+y+z$ の最大値，最小値を求めよ．

【解】 $g(x,y,z)=x+y+z-1$, $f(x,y,z)=x^2+y^2+z^2$ とおく．このとき，
$$\nabla g=(g_x,g_y,g_z)=(1,1,1), \quad \nabla f=(f_x,f_y,f_z)=(2x,2y,2z)$$
である．ここで $\nabla f=\lambda\nabla g$ より $\begin{cases}2x=\lambda,\\ 2y=\lambda,\\ 2z=\lambda.\end{cases}$ これより $x=y=z=\dfrac{\lambda}{2}$ がわかる．条件 $x^2+y^2+z^2=1$ から $x=y=z=\pm\dfrac{1}{\sqrt{3}}$．求める極値は，$x+y+z=\pm\sqrt{3}$ である．最小値は $-\sqrt{3}$, 最大値は $\sqrt{3}$． ■

● **練習問題 2.6.1** $x+y+z=1$ であるとき，$x^2+y^2+z^2$ の最大値，最小値を求めよ．

● **練習問題 2.6.2** (1) $x+y=1$ であるとき，x^2+y^2 の最小値を求めよ．
(2) $x^2+y^2=1$ であるとき，xy の最大値，最小値を求めよ．
(3) $x^2+y^2=1$ であるとき，$x+y$ の最大値，最小値を求めよ．

□ **例題 2.6.6** $x^2+y^2+z^2=1$ であるとき，$xy+yz+zx$ の最大値，最小値を求めよ．

【解】 $g(x,y,z)=x^2+y^2+z^2-1$, $f(x,y,z)=xy+yz+zx$ とおく．このとき，
$$\nabla g=(2x,2y,2z), \quad \nabla f=(y+z,x+z,x+y)$$
である．ここで $\nabla g=\lambda\nabla f$ より $\begin{cases}2x=\lambda(y+z),\\ 2y=\lambda(x+z),\\ 2z=\lambda(x+y).\end{cases}$ これより $(x+y+z)(\lambda-1)=0$ がわかる．

(i) $\lambda=1$ のとき $\begin{cases}2x=y+z,\\ 2y=x+z,\\ 2z=x+y.\end{cases}$ これより $x=y=z$ がわかる．したがって，$xy+yz+zx=x^2+y^2+z^2=1$ となり，最大値は 1．

(ii) $x+y+z=0$ のとき，
$$2(xy+yz+zx)=(x+y+z)^2-(x^2+y^2+z^2)=-1.$$

2.6 多変数関数の極値問題

$xy + yz + zx = -\dfrac{1}{2}$ となり，最小値は $-\dfrac{1}{2}$. ∎

● **練習問題 2.6.3** (1) ラグランジュの未定乗数法を用いて，原点から直線 $ax + by + c = 0$ への距離を求めよ．

(2) ラグランジュの未定乗数法を用いて，(x_0, y_0) から直線 $ax + by + c = 0$ への距離を求めよ．

(3) ラグランジュの未定乗数法を用いて，原点から平面 $ax + by + cz + d = 0$ への距離を求めよ．

(4) ラグランジュの未定乗数法を用いて，(x_0, y_0, z_0) から平面 $ax + by + cz + d = 0$ への距離を求めよ．

2.7 重積分の定義と性質

簡単のために 2 次元で説明する．長方形領域上の**重積分**の定義からはじめる．長方形領域を
$$D = \{(x,y) : a \leqq x \leqq b,\ c \leqq y \leqq d\}$$
とおく．2 変数関数 $F(x,y)$ の領域 D 上の重積分を次のように表す．
$$\iint_D F(x,y)\,dxdy$$
ここで長方形 $D = [a,b] \times [c,d]$ を次のように分割する．
$$D = \bigcup D_{i,j} \quad (D_{i,j} = [x_i, x_{i+1}] \times [y_j, y_{j+1}],\ 0 \leqq i \leqq n,\ 0 \leqq j \leqq m)$$
このとき，
$$\iint_D F(x,y)\,dxdy = \lim_{n \to \infty,\, m \to \infty} \sum_{i=0,\,j=0}^{n,\,m} F(\xi_i, \eta_j)(x_{i+1} - x_i)(y_{j+1} - y_j)$$
が成り立つ．

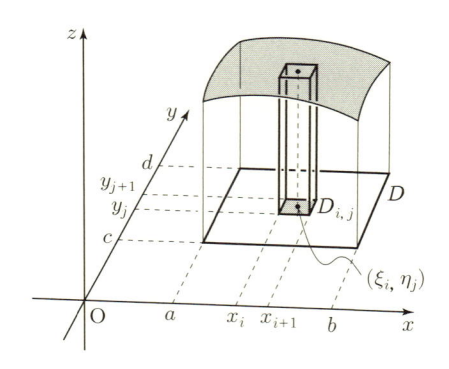

図 2.5

注意： (1) $F(x,y) = 1$ の場合には，$\iint_D dxdy$ は領域 D の面積 $|D|$ に等しい．

(2) $\left(\dfrac{1}{|D|} \iint_D x\,dxdy,\ \dfrac{1}{|D|} \iint_D y\,dxdy \right)$ は，領域 D の重心の座標を表す．

次に，領域 D を長方形から少し一般化して考えよう．
$$D = \{(x,y) \in \mathbb{R}^2 : a \leqq x \leqq b,\ f(x) \leqq y \leqq g(x)\}$$
とする．このとき，$\iint_D F(x,y)\,dxdy$ を次のように計算することができる．

2.7 重積分の定義と性質

重積分の計算

$$\iint_D F(x,y)\,dxdy = \int_a^b \left\{ \int_{f(x)}^{g(x)} F(x,y)\,dy \right\} dx$$

なお，重積分の値は領域上の曲面のつくる立体の体積を表している．

では，長方形領域上の重積分の計算をみてみよう．

長方形領域上の重積分の計算法

(1) $\quad \iint_D F(x,y)\,dxdy = \int_a^b \left\{ \int_c^d F(x,y)\,dy \right\} dx$

(2) $\quad \iint_D F(x,y)\,dxdy = \int_c^d \left\{ \int_a^b F(x,y)\,dx \right\} dy$

(3) $\quad \iint_D F(x)G(y)\,dxdy = \int_c^d G(y)\,dy \cdot \int_a^b F(x)\,dx$
---

(3) は意外と知られていないが，便利である．

□ 例題 2.7.1 次の重積分の値を求めよ．

(1) $\iint_D 4xy\,dxdy, \quad D = \{(x,y) : 1 \leqq x \leqq 2,\ 3 \leqq y \leqq 4\}$

(2) $\iint_D \sin x \cos y\,dxdy, \quad D = \left\{(x,y) : 0 \leqq x \leqq \pi,\ 0 \leqq y \leqq \dfrac{\pi}{2}\right\}$

【解】 (1) $\iint_D 4xy\,dxdy = \int_1^2 2x\,dx \cdot \int_3^4 2y\,dy = \left[x^2\right]_1^2 \cdot \left[y^2\right]_3^4 = 3 \cdot 7 = 21$

(2) $\iint_D \sin x \cos y\,dxdy = \int_0^\pi \sin x\,dx \cdot \int_0^{\frac{\pi}{2}} \cos y\,dy$

$\qquad\qquad\qquad = \left[-\cos x\right]_0^\pi \cdot \left[\sin y\right]_0^{\frac{\pi}{2}} = 2 \cdot 1 = 2$ ∎

● **練習問題 2.7.1** 次の重積分の値を求めよ．

$$\iint_D \sin(x+y)\,dxdy, \qquad D = \left\{(x,y) : 0 \leqq x \leqq \dfrac{\pi}{2},\ 0 \leqq y \leqq \dfrac{\pi}{2}\right\}$$

2.8　2つの関数で囲まれた領域上の重積分

2つの関数で囲まれた領域上の重積分の計算法

(1) $\iint_D F(x,y)\,dxdy = \int_a^b \left\{ \int_{f(x)}^{g(x)} F(x,y)\,dy \right\} dx,$

$D = \{(x,y) : a \leqq x \leqq b,\ f(x) \leqq y \leqq g(x)\}$

(2) $\iint_D F(x,y)\,dxdy = \int_c^d \left\{ \int_{a(y)}^{b(y)} F(x,y)\,dx \right\} dy,$

$D = \{(x,y) : c \leqq y \leqq d,\ a(y) \leqq x \leqq b(y)\}$

例題 2.8.1　次の重積分の値を求めよ.

(1) $\iint_D (x^2+y^2)\,dxdy,\quad D = \{(x,y) : 0 \leqq x \leqq 2,\ 1 \leqq y \leqq 2\}$

(2) $\iint_D \sin(x+y)\,dxdy,\quad D = \left\{(x,y) : 0 \leqq x \leqq \frac{\pi}{2},\ 0 \leqq y \leqq \pi\right\}$

【解】(1) $\iint_D (x^2+y^2)\,dxdy = \int_1^2 \left\{ \int_0^2 (x^2+y^2)\,dx \right\} dy$

$= \int_1^2 \left[\frac{x^3}{3} + y^2 x \right]_0^2 dy = \int_1^2 \left(\frac{8}{3} + 2y^2 \right) dy = \left[\frac{8}{3}y + \frac{2}{3}y^3 \right]_1^2 = \frac{22}{3}$

別解　$\iint_D (x^2+y^2)\,dxdy = \int_0^2 \left\{ \int_1^2 (x^2+y^2)\,dy \right\} dx$

$= \int_0^2 \left[x^2 y + \frac{y^3}{3} \right]_1^2 dx = \int_0^2 \left(x^2 + \frac{7}{3} \right) dx = \left[\frac{x^3}{3} + \frac{7x}{3} \right]_0^2 = \frac{22}{3}$

(2) $\iint_D \sin(x+y)\,dxdy = \int_0^\pi \left\{ \int_0^{\frac{\pi}{2}} \sin(x+y)\,dx \right\} dy$

$= \int_0^\pi \left[-\cos(x+y) \right]_0^{\frac{\pi}{2}} dy$

$= \int_0^\pi \left(-\cos\left(\frac{\pi}{2}+y\right) + \cos y \right) dy = \left[-\cos y + \sin y \right]_0^\pi = 2$

別解
$$\iint_D \sin(x+y)\,dxdy = \int_0^\pi \left\{\int_0^{\frac{\pi}{2}} \sin(x+y)\,dx\right\}dy$$
$$= \int_0^\pi \left\{\int_0^{\frac{\pi}{2}} (\sin x\cos y + \sin y\cos x)\,dx\right\}dy$$
$$= \int_0^{\frac{\pi}{2}} \sin x\,dx \cdot \int_0^\pi \cos y\,dy + \int_0^\pi \sin y\,dy \cdot \int_0^{\frac{\pi}{2}} \cos x\,dx = 2 \qquad \blacksquare$$

☐ **例題 2.8.2**　次の重積分の値を求めよ.

(1) $\displaystyle\iint_D \sqrt{a^2-x^2}\,dxdy, \quad D=\{(x,y): 0\leqq y,\ x^2+y^2\leqq a^2\}$

(2) $\displaystyle\iint_D (1+2y)\,dxdy, \quad D=\left\{(x,y): 0\leqq x\leqq \frac{\pi}{4},\ \sin x\leqq y\leqq \cos x\right\}$

【解】　(1)
$$\iint_D \sqrt{a^2-x^2}\,dxdy = \int_{-a}^a \left\{\int_0^{\sqrt{a^2-x^2}} \sqrt{a^2-x^2}\,dy\right\}dx$$
$$= \int_{-a}^a \left[\sqrt{a^2-x^2}\,y\right]_0^{\sqrt{a^2-x^2}} dx$$
$$= \int_{-a}^a (a^2-x^2)\,dx = \frac{4}{3}a^3$$

(2)
$$\iint_D (1+2y)\,dxdy = \int_0^{\frac{\pi}{4}} \left\{\int_{\sin x}^{\cos x}(1+2y)\,dy\right\}dx = \int_0^{\frac{\pi}{4}} \left[y+y^2\right]_{\sin x}^{\cos x} dx$$
$$= \int_0^{\frac{\pi}{4}} (\cos x - \sin x + \cos 2x)\,dx$$
$$= \left[\sin x + \cos x + \frac{1}{2}\sin 2x\right]_0^{\frac{\pi}{4}} = \sqrt{2} - \frac{1}{2} \qquad \blacksquare$$

●**練習問題 2.8.1**　次の重積分の値を求めよ.

(1) $\displaystyle\iint_D \sqrt{1-x^2}\,dxdy, \quad D=\{(x,y): x^2+y^2\leqq 1\}$

(2) $\displaystyle\iint_D (1+2y)\,dxdy, \quad D=\left\{(x,y): \frac{\pi}{4}\leqq x\leqq \frac{\pi}{2},\ \cos x\leqq y\leqq \sin x\right\}$

次の例は，積分の順番が重要な例である．x について先に積分するか y について先に積分するかで困難さがまったく違ってくる．

□ **例題 2.8.3** 次の重積分の値を求めよ.
$$\iint_D \sqrt{1-y^2}\,dxdy, \quad D = \{(x,y) : 0 \leqq y,\ 0 \leqq x^2 + y^2 \leqq 1\}$$

【解】 x について先に計算した場合:

$$\iint_D \sqrt{1-y^2}\,dxdy = \int_0^1 \left\{ \int_{-\sqrt{1-y^2}}^{\sqrt{1-y^2}} \sqrt{1-y^2}\,dx \right\} dy$$

$$= \int_0^1 \left[\sqrt{1-y^2}\,x \right]_{-\sqrt{1-y^2}}^{\sqrt{1-y^2}} dy = 2\int_0^1 (1-y^2)\,dy$$

$$= 2\left[y - \frac{1}{2}y^3 \right]_0^1 = \frac{4}{3}$$

y について先に計算した場合:

$$\iint_D \sqrt{1-y^2}\,dxdy = \int_{-1}^1 \left\{ \int_0^{\sqrt{1-x^2}} \sqrt{1-y^2}\,dy \right\} dx$$

$$= \int_{-1}^1 \left[\frac{1}{2}\sin^{-1} y + \frac{1}{2}\sqrt{1-y^2}\,y \right]_0^{\sqrt{1-x^2}} dx$$

$$= \int_{-1}^1 \left(\frac{1}{2}\sin^{-1}\sqrt{1-x^2} + \frac{1}{2}\sqrt{1-x^2}\,|x| \right) dx$$

$$= \int_0^1 \left(\sin^{-1}\sqrt{1-x^2} + \sqrt{1-x^2}\,x \right) dx$$

ここで, $x = \cos\theta$ とおくと,

$$= \int_0^{\frac{\pi}{2}} \left(\theta\sin\theta + \sin^2\theta\cos\theta \right) d\theta$$

$$= \int_0^{\frac{\pi}{2}} \theta\sin\theta\,d\theta + \int_0^{\frac{\pi}{2}} \sin^2\theta\cos\theta\,d\theta$$

$$= \left[-\theta\cos\theta \right]_0^{\frac{\pi}{2}} + \int_0^{\frac{\pi}{2}} \cos\theta\,d\theta + \left[\frac{1}{3}\sin^3\theta \right]_0^{\frac{\pi}{2}}$$

$$= 1 + \frac{1}{3} = \frac{4}{3}.$$
∎

2.8 2つの関数で囲まれた領域上の重積分

◻ **例題 2.8.4** 平面 $z = 3x$, $z = 0$ と円柱面 $x^2 + y^2 = 1$ で囲まれた部分の体積を求めよ.

【解】 積分領域 D は，$D = \{(x, y) : 0 \leqq x, \ x^2 + y^2 \leqq 1\}$ である.

$$\iint_D 3x\,dxdy = \int_0^1 \int_{-\frac{\pi}{2}}^{\frac{\pi}{2}} 3r\cos\theta \, r\,drd\theta$$

$$= 6\int_0^1 r^2\,dr \cdot \int_0^{\frac{\pi}{2}} \cos\theta\,d\theta = 6\left[\frac{1}{3}r^3\right]_0^1 \cdot \left[\sin\theta\right]_0^{\frac{\pi}{2}} = 2 \quad ■$$

◻ **例題 2.8.5** 平面 $\dfrac{x}{a} + \dfrac{y}{b} + \dfrac{z}{c} = 1$ と座標面で囲まれた部分の体積を求めよ.

【解】 積分領域 D は，$D = \left\{(x, y) : 0 \leqq \dfrac{x}{a} + \dfrac{y}{b} \leqq 1\right\}$ である.

$$\iint_D z\,dxdy = \iint_D c\left(1 - \frac{x}{a} - \frac{y}{b}\right)dxdy$$

$$= c\int_0^a \left\{\int_0^{b-\frac{a}{b}x}\left(1 - \frac{x}{a} - \frac{y}{b}\right)dy\right\}dx$$

$$= c\int_0^a \left[y - \frac{x}{a}y - \frac{y^2}{2b}\right]_0^{b-\frac{a}{b}x} dx$$

$$= c\int_0^a \left(\frac{b}{2} - \frac{b}{a}x + \frac{b}{2a^2}x^2\right)dx$$

$$= cb\left[\frac{x}{2} - \frac{x^2}{2a} + \frac{x^3}{6a^2}\right]_0^a = \frac{abc}{6} \quad ■$$

● **練習問題 2.8.2** 平面 $x + y + z = 1$ と座標面で囲まれた部分の体積を求めよ.

2.9 一般領域上の重積分

2.9.1 極座標変換

重積分を求めるにあたって，最も重要な変換公式について解説する．

極座標変換

$x = r\cos\theta, y = r\sin\theta$ とする．
$$dxdy = r\,drd\theta$$
が成立する．

なぜこの公式がでてくるかについては，関数行列式の項 (2.10.1 項) で説明する．

極座標変換を使う理由は簡単である．曲線で囲まれた領域上の重積分が，長方形領域上の積分に変換されるからである．長方形領域上の重積分は計算が簡単である．これが理由である．この公式 $dxdy = r\,drd\theta$ は，定期試験，大学院入試等で最も重要な公式である．

例題 2.9.1 (極座標変換の練習 1)　$x = r\cos\theta, y = r\sin\theta$ とする．次の式はどのような曲線を表すか．

(1)　$r = \cos\theta$　　(2)　$r = 2\sin\theta$　　(3)　$r = 2$

【解】(1)　$r^2 = r\cos\theta$ なので $x^2 + y^2 = x$．これを変形して $\left(x - \dfrac{1}{2}\right)^2 + y^2 = \dfrac{1}{4}$．したがって，$\left(\dfrac{1}{2}, 0\right)$ を中心とし，半径 $\dfrac{1}{2}$ の円を表す．

(2)　同様にして，$(0, 1)$ を中心とし，半径 1 の円．

(3)　原点を中心とし，半径 2 の円．　■

● **練習問題 2.9.1**　$x = r\cos\theta, y = r\sin\theta$ とする．次の式はどのような曲線を表すか．

(1)　$r = \sin\theta$　　(2)　$r = 2\cos\theta$

例題 2.9.2 (極座標変換の練習 2)　$x = r\cos\theta, y = r\sin\theta$ とする．次の xy 平面の領域は，$r\theta$ 平面のどのような領域になるかを決定せよ．

(1)　$\{(x, y) \in \mathbb{R}^2 : x^2 + y^2 \leqq 4\}$

(2)　$\{(x, y) \in \mathbb{R}^2 : x^2 + y^2 \leqq 4,\ x \geqq 0,\ y \geqq 0\}$

(3)　$\{(x,y) \in \mathbb{R}^2 : x \geqq 0,\ y \geqq 0\}$

(4)　$\{(x,y) \in \mathbb{R}^2 : x^2 + y^2 \leqq 4,\ y \geqq 0\}$

【解】　(1)　原点中心，半径 2 の円の内部．$0 \leqq r \leqq 2,\ 0 \leqq \theta \leqq 2\pi$．

(2)　原点中心，半径 2 の円の第 1 象限にある部分．$0 \leqq r \leqq 2,\ 0 \leqq \theta \leqq \dfrac{\pi}{2}$．

(3)　xy 平面の第 1 象限にある部分．$0 \leqq r < \infty,\ 0 \leqq \theta \leqq \dfrac{\pi}{2}$．

(4)　原点中心，半径 2 の円の第 1 象限，および第 2 象限にある部分．$0 \leqq r \leqq 2$, $0 \leqq \theta \leqq \pi$． ■

2.9.2　極座標変換の公式の使用法

―― 重積分の極座標変換の公式 ――

$x = r\cos\theta,\ y = r\sin\theta$ とする．
$$\iint_D F(x,y)\,dxdy = \iint_{\widetilde{D}} F(r\cos\theta, r\sin\theta)\,r\,drd\theta$$
が成立する．

ここで，極座標変換の公式の使い方について説明する．

□ **例題 2.9.3**　$D = \{(x,y) : x^2 + y^2 \leqq 4,\ y \geqq 0\}$ とする．次の重積分の値を求めよ．

(1)　$\displaystyle\iint_D (x^2 + y^2)\,dxdy$　　(2)　$\displaystyle\iint_D 2xy\,dxdy$

【解】　(1)　$\displaystyle\iint_D (x^2 + y^2)\,dxdy = \int_0^\pi \int_0^2 r^2 \cdot r\,drd\theta$

$$= \int_0^2 r^3\,dr \cdot \int_0^\pi d\theta = \left[\frac{1}{4}r^4\right]_0^2 \cdot \pi = 4\pi$$

(2)　$\displaystyle\iint_D 2xy\,dxdy = \int_0^\pi \int_0^2 2r^2 \sin\theta\cos\theta \cdot r\,drd\theta$

$$= \int_0^2 r^3\,dr \cdot \int_0^\pi 2\sin\theta\cos\theta\,d\theta$$

$$= \left[\frac{1}{4}r^4\right]_0^2 \cdot \int_0^\pi \sin 2\theta\,d\theta = 4\left[-\frac{1}{2}\cos 2\theta\right]_0^\pi = 0 \quad ■$$

● **練習問題 2.9.2** $D = \{(x,y) : x^2 + y^2 \leqq 4,\ x \geqq 0,\ y \geqq 0\}$ とする．次の重積分の値を求めよ．

(1) $\iint_D (x^2 + y^2)\,dxdy$ (2) $\iint_D 2xy\,dxdy$

□ **例題 2.9.4** $D = \{(x,y) : 1 \leqq x^2 + y^2 \leqq 4\}$ とする．次の重積分の値を求めよ．

(1) $\iint_D \dfrac{1}{\sqrt{x^2+y^2}}\,dxdy$ (2) $\iint_D \dfrac{\log(x^2+y^2)}{\sqrt{x^2+y^2}}\,dxdy$

【解】 (1) $\iint_D \dfrac{1}{\sqrt{x^2+y^2}}\,dxdy = \int_0^{2\pi}\int_1^2 \dfrac{1}{r}r\,drd\theta = \int_1^2 dr \cdot \int_0^{2\pi} d\theta = 2\pi$

(2) $\iint_D \log(x^2+y^2)\dfrac{1}{\sqrt{x^2+y^2}}\,dxdy = \int_0^{2\pi}\int_1^2 \dfrac{\log r^2}{r}r\,drd\theta$

$$= \int_0^{2\pi}\int_1^2 2\log r\,drd\theta$$

$$= 4\pi\big[r\log r - r\big]_1^2 = 4\pi(2\log 2 - 1) \quad\blacksquare$$

● **練習問題 2.9.3** $D_R = \{(x,y) : x^2 + y^2 \leqq R^2,\ R > 0\}$ とする．次の重積分の値を求めよ．

(1) $\iint_{D_R} e^{-(x^2+y^2)}\,dxdy$ (2) $\displaystyle\lim_{R\to\infty}\iint_{D_R} e^{-(x^2+y^2)}\,dxdy$

□ **例題 2.9.5** 回転放物面 $z = 1 - (x^2 + y^2)$ と xy 平面の囲む立体の体積を求めよ (図 2.6)．

【解】 積分領域は $D = \{(x,y) : x^2 + y^2 \leqq 1\}$ である．

$$\iint_D \{1 - (x^2+y^2)\}\,dxdy = \int_0^{2\pi}\int_0^1 (1-r^2)r\,drd\theta$$

$$= \int_0^{2\pi}\int_0^1 (r - r^3)\,drd\theta = \int_0^{2\pi}\left[\dfrac{r^2}{2} - \dfrac{r^4}{4}\right]_0^1 d\theta$$

$$= \int_0^{2\pi} \dfrac{1}{4}\,d\theta = 2\pi \cdot \dfrac{1}{4} = \dfrac{1}{2}\pi \quad\blacksquare$$

2.9 一般領域上の重積分

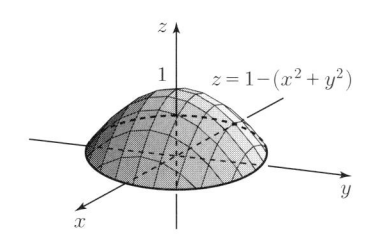

図 2.6　回転放物面 $z = 1 - (x^2 + y^2)$ と xy 平面の囲む立体

● 練習問題 **2.9.4**　回転放物面 $z = a^2 - (x^2 + y^2)$ $(a > 0)$ と xy 平面の囲む立体の体積を求めよ．

> 📘 **例題 2.9.6**　球面 $z = \sqrt{a^2 - x^2 - y^2}$ と xy 平面の囲む立体の体積を求めよ．

【解】　積分領域は $D = \{(x, y) : x^2 + y^2 \leqq a^2\}$ である．
$$\iint_D \sqrt{a^2 - x^2 - y^2}\, dxdy = \int_0^{2\pi} \int_0^a \sqrt{a^2 - r^2}\, r\, drd\theta$$
$$= \int_0^{2\pi} \left[-\frac{1}{3}(a^2 - r^2)^{\frac{3}{2}} \right]_0^a d\theta = \int_0^{2\pi} \frac{1}{3} a^3\, d\theta = \frac{2}{3}\pi a^3 \quad \blacksquare$$

● 練習問題 **2.9.5**　円錐 $z = 2c - 2\sqrt{x^2 + y^2}$ $(c > 0)$ と xy 平面の囲む立体の体積を求めよ．

● 練習問題 **2.9.6**　円柱 $x^2 + y^2 = c^2$ と xy 平面，および平面 $z = ax + b$ の囲む立体の体積を求めよ．ただし，$b + ac > 0$, $b - ac > 0$ とする．

● 練習問題 **2.9.7**　円柱 $x^2 + y^2 = 1$ と xy 平面，および平面 $z = y$ の囲む立体の体積を求めよ．

次は，昔から超有名な問題である．

● 練習問題 **2.9.8**　円柱 $x^2 + y^2 = a^2$ と円柱 $z^2 + y^2 = a^2$ の囲む立体の体積を求めよ．
（ヒント：$\iint_D \sqrt{a^2 - y^2}\, dxdy$, $D = \{(x, y) : x^2 + y^2 \leqq a^2\}$ を計算する．）

2.10 変数変換の公式

2.10.1 関数行列式と重積分の変数変換の公式

複雑な領域上の重積分を適当な変数変換で簡単な領域上の重積分に変えることができる．その際，次の関数行列式 (ヤコビアン) が重要となる．

ヤコビアンの説明からはじめる．

関数行列式 (ヤコビアン)

$$\frac{\partial(x,y)}{\partial(u,v)} = \begin{vmatrix} x_u & y_u \\ x_v & y_v \end{vmatrix} = x_u y_v - x_v y_u$$

---

1 変数関数の場合の置換積分にでてくる微分の式

$$dx = \frac{dx}{dt} dt$$

は，2 次元の場合

$$dxdy = \left|\frac{\partial(x,y)}{\partial(u,v)}\right| dudv$$

となる．1 変数関数の場合の置換積分の公式の 2 次元版が次の公式である (証明は省略する)．

重積分の変数変換の公式

$x = x(u,v)$, $y = y(u,v)$ とする．

$$\iint_D F(x,y)\,dxdy = \iint_{\widetilde{D}} F(x(u,v), y(u,v)) \left|\frac{\partial(x,y)}{\partial(u,v)}\right| dudv$$

が成り立つ．

ただし，領域 D は，変換 $x = x(u,v)$, $y = y(u,v)$ により $\widetilde{D}$ に対応している．

極座標変換の関数行列式

$x = r\cos\theta$, $y = r\sin\theta$ とする．

$$dxdy = \left|\frac{\partial(x,y)}{\partial(r,\theta)}\right| drd\theta = r\,drd\theta$$

が成り立つ．

証明 $\dfrac{\partial(x,y)}{\partial(r,\theta)} = \begin{vmatrix} x_r & y_r \\ x_\theta & y_\theta \end{vmatrix} = \begin{vmatrix} \cos\theta & \sin\theta \\ -r\sin\theta & r\cos\theta \end{vmatrix} = r\cos^2\theta + r\sin^2\theta = r$ ■

2.10 変数変換の公式

例題 2.10.1 (関数行列式の練習問題)　次の変数変換の関数行列式を求めよ.

(1)　$x = u+v,\ y = u-v$

(2)　$x = e^u \cos v,\ y = e^u \sin v$

(3)　$x = \dfrac{u}{v+1},\ y = \dfrac{uv}{v+1}$

【解】　(1)　$\begin{vmatrix} x_u & y_u \\ x_v & y_v \end{vmatrix} = \begin{vmatrix} 1 & 1 \\ 1 & -1 \end{vmatrix} = -1 - 1 = -2$

(2)　$\begin{vmatrix} e^u \cos v & e^n \sin v \\ -e^u \sin v & e^u \cos v \end{vmatrix} = e^u \cos^2 v + e^u \sin^2 v = e^{2u}$

(3)　$\dfrac{u}{(v+1)^2}$　∎

2.10.2　重心の計算

ここで応用をみてみよう.

--- 基本事項 ---

D を平面図形とする. D の重心の座標 (x_G, y_G) は，次の式で求まる.

$$\begin{cases} x_G = \dfrac{\iint_D x\,dxdy}{|D|}, \\ y_G = \dfrac{\iint_D y\,dxdy}{|D|} \end{cases}$$

ここで, $|D|$ は D の面積を表す.

例題 2.10.2　$D = \{(x,y) \in \mathbb{R}^2 : 0 \leqq x \leqq b,\ 0 \leqq y \leqq d\}$ とする.

(1)　$|D|$ を求めよ.

(2)　$\iint_D x\,dxdy$ を求めよ.

(3)　$\iint_D y\,dxdy$ を求めよ.

(4)　D の重心の座標 (x_G, y_G) を求めよ.

【解】　(1)　$|D| = bd$

(2) $\displaystyle\iint_D x\,dxdy = \int_0^b\int_0^d x\,dxdy = \int_0^b x\,dx \cdot \int_0^d dy = \frac{b^2}{2}d$

(3) $\displaystyle\iint_D x\,dxdy = \int_0^b\int_0^d x\,dxdy = \int_0^b dx \cdot \int_0^d y\,dy = b\frac{d^2}{2}$

(4) $(x_G, y_G) = \left(\dfrac{b}{2}, \dfrac{d}{2}\right)$ ∎

● 練習問題 **2.10.1** $D = \{(x,y) \in \mathbb{R}^2 : 0 \leqq x+y \leqq a,\ x \geqq 0,\ y \geqq 0\}$ とする.

(1) $|D|$ を求めよ.

(2) $\displaystyle\iint_D x\,dxdy$ を求めよ.

(3) $\displaystyle\iint_D y\,dxdy$ を求めよ.

(4) D の重心の座標 (x_G, y_G) を求めよ.

● 練習問題 **2.10.2** $D = \{(x,y) \in \mathbb{R}^2 : x^2+y^2 \leqq a^2,\ x \geqq 0,\ y \geqq 0\}$ とする.

(1) $|D|$ を求めよ.

(2) $\displaystyle\iint_D x\,dxdy$ を求めよ.

(3) $\displaystyle\iint_D y\,dxdy$ を求めよ.

(4) D の重心の座標 (x_G, y_G) を求めよ.

2.11 特別な形の重積分

ここでは，ガウス関数の積分，ベータ関数 $B(p,q)$，ガンマ関数 $\Gamma(x)$ について説明する．

2.11.1 ガウス関数の積分

ガウス関数の積分
$$\int_{-\infty}^{+\infty} e^{-x^2}\,dx = \sqrt{\pi}$$

説明　$I = \displaystyle\int_{-\infty}^{+\infty} e^{-x^2}\,dx$ とおく．

$$I^2 = \int_{-\infty}^{+\infty} e^{-x^2}\,dx \cdot \int_{-\infty}^{+\infty} e^{-y^2}\,dy = \iint_{\mathbb{R}^2} e^{-(x^2+y^2)}\,dxdy$$

ここで極座標変換 $x = r\sin\theta$, $y = r\cos\theta$ を行う．

$$= \int_0^{2\pi}\int_0^{+\infty} e^{-r^2} r\,drd\theta = 2\pi\left[-\frac{1}{2}e^{-r^2}\right]_0^\infty = \pi$$

以上から，$I = \displaystyle\int_{-\infty}^{+\infty} e^{-x^2}\,dx = \sqrt{\pi}$ がわかった．

このガウス関数は，確率・統計 (正規分布)，量子力学，虹彩認証などに用いられている．

2.11.2 ベータ関数とガンマ関数の関係

確率・統計や素粒子論等ででてくるベータ関数とガンマ関数について解説する．

ベータ関数 $B(p,q)$ は次のように定義される．

ベータ関数の定義
$$B(p,q) = \int_0^1 x^{p-1}(1-x)^{q-1}\,dx \qquad (p > 0,\ q > 0)$$

❑ 例題 2.11.1　$B(p,q) = B(q,p)$ を示せ．

【解】　ヒント：$x = 1-t$ という変数変換を行えばよい．　■

> **例題 2.11.2** $B\left(\dfrac{1}{2}, \dfrac{1}{2}\right) = \displaystyle\int_0^1 x^{-\frac{1}{2}}(1-x)^{-\frac{1}{2}}\,dx$ の値を求めよ．

【解】 π（ヒント：$x = \sin^2\theta$ とおく．）　■

> **例題 2.11.3** $B(p, q) = \displaystyle\int_0^\infty \dfrac{v^{p-1}}{(1+v)^{p+q}}\,dv$ を示せ．

【解】 ヒント：$x = \dfrac{v}{1+v}$ とおくと，$v = \dfrac{x}{1-x}$．したがって，$\dfrac{1}{1+v} = 1-x$, $dv = \dfrac{1}{(1-x)^2}\,dx$．　■

ガンマ関数 $\Gamma(x)$ は次のように定義される．

---**ガンマ関数の定義**---

$$\Gamma(x) = \int_0^\infty e^{-t} t^{x-1}\,dt \quad (x > 0)$$

ガンマ関数は次の性質をもつ．

---**ガンマ関数の性質**---

(1) $\Gamma(x+1) = x\Gamma(x)$
(2) $\Gamma(n+1) = n!$
(3) $\Gamma(x)\Gamma(1-x) = \dfrac{\pi}{\sin \pi x}$

> **例題 2.11.4** $\Gamma\left(\dfrac{1}{2}\right) = \displaystyle\int_0^\infty e^{-t} t^{-\frac{1}{2}}\,dt$ の値を求めよ．

【解】 $\Gamma\left(\dfrac{1}{2}\right) = \displaystyle\int_0^\infty e^{-t} t^{-\frac{1}{2}}\,dt = 2\int_0^\infty e^{-x^2}\,dx = 2\dfrac{\sqrt{\pi}}{2} = \sqrt{\pi}$　■

また，次が知られている．

―― ベータ関数とガンマ関数の関係 ――
$$B(p,q) = \frac{\Gamma(q)\Gamma(p)}{\Gamma(p+q)}$$

証明　$\Gamma(q)\Gamma(p) = \int_0^\infty e^{-t}t^{q-1}\,dt \cdot \int_0^\infty e^{-s}s^{p-1}\,ds$

$$= \int_0^\infty \int_0^\infty e^{-s-t}s^{p-1}t^{q-1}\,dsdt$$

ここで，$u = s+t$, $v = \dfrac{s}{t}$ とおくと，$t = \dfrac{u}{v+1}$, $s = \dfrac{uv}{v+1}$. したがって，$dsdt = \dfrac{u}{(v+1)^2}\,dudv$.

$$\therefore\ (右辺) = \int_0^\infty e^{-u}u^{p+q-1}du \cdot \int_0^\infty \frac{v^{p-1}}{(1+v)^{p+q}}dv = \Gamma(p+q)B(p,q) \qquad \blacksquare$$

2.11.3　線　積　分

C を xy 平面の曲線とし，

$$x = x(t),\ y = y(t) \quad (a \leqq t \leqq b)$$

という媒介変数表示をもっているとする．このとき，

$$\int_C f(x,y)\,dx, \quad \int_C g(x,y)\,dy, \quad \int_C f(x,y)\,dx + g(x,y)\,dy$$

を**線積分**といい，次のように計算する．

―― 線積分の計算法 ――
$$\int_C f(x,y)\,dx = \int_a^b f(x(t),y(t))\frac{dx(t)}{dt}\,dt$$
$$\int_C g(x,y)\,dy = \int_a^b g(x(t),y(t))\frac{dy(t)}{dt}\,dt$$

例えば，次のように使う．

(1) $\displaystyle\int_C y\,dx = \int_a^b y(t)\frac{dx(t)}{dt}\,dt$

(2) $\displaystyle\int_C x\,dy = \int_a^b x(t)\frac{dy(t)}{dt}\,dt$

(3) $\displaystyle\int_C x\,dy - y\,dx = \int_a^b \left(x(t)\frac{dy(t)}{dt} - y(t)\frac{dx(t)}{dt}\right)dt$

なお，$\int_C f(x,y)\,dx$, $\int_C g(x,y)\,dy$ は，変数 (x,y) を略して $\int_C f\,dx$, $\int_C g\,dy$ と書くこともある．

次にここで紹介する事実は，線積分という **1** 次元の積分と重積分という **2** 次元の積分の間の関係を示す定理である．

次が知られている．

グリーンの定理

$$\int_{\partial D} f\,dx + g\,dy = \iint_D (g_x - f_y)\,dxdy$$

ただし ∂D は，D の境界で正の向きをもつとする．

注意： 線積分とグリーンの定理はベクトル解析学や複素関数論等で大変重要である[5]．

□ **例題 2.11.5** $D = \{(x,y) : x^2 + y^2 \leqq a^2\}$ とする．線積分 $\dfrac{1}{2}\int_{\partial D} x\,dy - y\,dx$ を求めよ．

【解】$D = \{(x,y) : x^2 + y^2 \leqq a^2\}$ であるので，境界は $\partial D = \{(x,y) : x^2 + y^2 = a^2\}$ である．ここで $x(t) = a\cos t$, $y(t) = a\sin t$ $(0 \leqq t \leqq 2\pi)$ とおく．

$$x(t)\frac{dy(t)}{dt} = a^2 \cos^2 t, \qquad y(t)\frac{dx(t)}{dt} = -a^2 \sin^2 t$$

であるので

$$\frac{1}{2}\int_{\partial D} x\,dy - y\,dx = \frac{1}{2}\int_0^{2\pi} \left(x(t)\frac{dy(t)}{dt} - y(t)\frac{dx(t)}{dt}\right) dt$$

$$= \frac{1}{2}\int_0^{2\pi} a^2\,dt = \frac{a^2}{2}\int_0^{2\pi} dt = \frac{a^2}{2}\bigl[t\bigr]_0^{2\pi} = \pi a^2. \qquad \blacksquare$$

● **練習問題 2.11.1** $D = \left\{(x,y) : \dfrac{x^2}{a^2} + \dfrac{y^2}{b^2} \leqq 1\right\}$ とする．線積分 $\dfrac{1}{2}\int_{\partial D} x\,dy - y\,dx$ を求めよ．

● **練習問題 2.11.2** $D = \left\{(x,y) : \dfrac{x^2}{a^2} + \dfrac{y^2}{b^2} \leqq 1\right\}$ とする．線積分 $\int_{\partial D} x\,dx + y\,dy$ を求めよ．

---
[5] グリーンの定理は，微分形式 (調和積分論) という現代数学の分野の基本である．

2.11 特別な形の重積分

> **例題 2.11.6** $D = \{(x,y) : x^2 + y^2 \leqq a^2\}$ とする. 線積分 $\displaystyle\int_{\partial D} \frac{x\,dy - y\,dx}{x^2 + y^2}$ を求めよ.

【解】 $D = \{(x,y) : x^2+y^2 \leqq a^2\}$ であるので, 境界は $\partial D = \{(x,y) : x^2+y^2 = a^2\}$ である. ここで $x(t) = a\cos t,\ y(t) = a\sin t\ (0 \leqq t \leqq 2\pi)$ とおく.

$$x(t)\frac{dy(t)}{dt} = a^2\cos^2 t, \quad y(t)\frac{dx(t)}{dt} = -a^2\sin^2 t, \quad x(t)^2 + y(t)^2 = a^2$$

であるので

$$\int_{\partial D} \frac{x\,dy - y\,dx}{x^2+y^2} = \frac{1}{a^2}\int_0^{2\pi} \left(x(t)\frac{dx(t)}{dt} - y(t)\frac{dx(t)}{dt}\right)dt = \int_0^{2\pi} dt = 2\pi. \qquad\blacksquare$$

● **練習問題 2.11.3** $D = \{(x,y) : x^2 + y^2 \leqq a^2\}$ とする. 線積分 $\displaystyle\int_{\partial D} \frac{x\,dx + y\,dy}{x^2+y^2}$ を求めよ.

> **例題 2.11.7**
> $$\frac{1}{2}\int_{\partial D} x\,dy - y\,dx = \iint_D dx\,dy = D \text{ の面積}$$
> を示せ.

【解】 ヒント: $g(x,y) = x, f(x,y) = y$ とおいてグリーンの定理を使う. $\blacksquare$

2.12 演習問題 B

2.12.1 後期試験を突破するための確認試験 I

1. (1) 関数 $z = x^2 + y^2$ $(-\infty < x, y < \infty)$ のグラフを xyz 空間に描け.
   (2) $z = x^2 + y^2$ のグラフ上の点 $(1, 1, 2)$ における接平面の式を求めよ.
   (3) $z = x^2 + y^2$ のグラフ上の点 $(1, 1, 2)$ における法線の式を求めよ.

2. 関数 $\log(x^2 + y^2 + 1)$ が極値をとる点,および極値を決定せよ.

3. $x + 2y + 3z = 1$ のとき,$x^2 + y^2 + z^2$ の最小値をラグランジュの未定乗数法で求めよ.

4. 次の計算をせよ.
   (1) $\dfrac{\partial}{\partial x} \arctan\left(\dfrac{x}{y}\right)$ $(x > 0,\ y > 0)$
   (2) $\dfrac{\partial}{\partial y} \arctan\left(\dfrac{x}{y}\right)$ $(x > 0,\ y > 0)$

5. 次の積分の値を求めよ.
   (1) $\displaystyle\iint_D x^2\, dxdy$,ただし,$D = \{(x, y) \in \mathbb{R}^2 : 0 \leqq x \leqq 1,\ 0 \leqq y \leqq 1\}$
   (2) $\displaystyle\iint_D x^2\, dxdy$,ただし,$D = \{(x, y) \in \mathbb{R}^2 : 1 \leqq x^2 + y^2 \leqq 4\}$

2.12.2 後期試験を突破するための確認試験 II

1. $u(x, y) = e^x \cos y$ とおく.次の偏微分を求めよ.
   (1) $\dfrac{\partial u(x,y)}{\partial x}$ (2) $\dfrac{\partial^2 u(x,y)}{\partial x \partial y}$ (3) $\dfrac{\partial^2 u(x,y)}{\partial y^2}$

2. (1) 関数 $z = \sqrt{x^2 + y^2}$ のグラフを xyz 空間に図示せよ.
   (2) $z = \sqrt{x^2 + y^2}$ のグラフ上の点 $(3, 4, 5)$ における法線ベクトル,および法線の式を求めよ.
   (3) $z = \sqrt{x^2 + y^2}$ のグラフ上の点 $(3, 4, 5)$ における接平面の式を求めよ.

3. $x^2 + y^2 + z^2 = 1$ であるとき,
   (1) 関数 $x + y - z$ の最大値
   (2) 関数 $x + y - z$ の最小値
   をラグランジュの未定乗数法で求めよ.

4. 次の重積分の値を求めよ.
   (1) $\displaystyle\iint_A (x^2 + y^2)\, dxdy$,ただし,$A = \{(x, y) \in \mathbb{R}^2 : 0 \leqq x \leqq 2,\ 0 \leqq y \leqq 2\}$
   (2) $\displaystyle\iint_B y\, dxdy$,ただし,$B = \{(x, y) \in \mathbb{R}^2 : 0 \leqq x \leqq y \leqq 1\}$

(3) $\iint_C (\sqrt{x^2+y^2}-1)\,dxdy$, ただし, $C=\{(x,y)\in\mathbb{R}^2:0\leqq x^2+y^2\leqq 1\}$

5. 次の重積分の値をベータ関数またはガンマ関数を用いて表せ.

$$\iint_D x^{p-1}y^{q-1}\,dxdy, \qquad D=\{(x,y)\in\mathbb{R}^2:0\leqq x,\ 0\leqq y,\ 0\leqq x+y\leqq 1\}$$

2.12.3 大学院入試を突破するための確認試験

1. $v(x,y)=\tan^{-1}\left(\dfrac{y}{x}\right)$ とおく. 次の偏微分

(1) $\dfrac{\partial v(x,y)}{\partial x}$ (2) $\dfrac{\partial^2 v(x,y)}{\partial x \partial y}$ (3) $\dfrac{\partial^2 v(x,y)}{\partial y^2}$

を求めよ.

(4) $\dfrac{\partial u(x,y)}{\partial x}=\dfrac{\partial v(x,y)}{\partial y}$ を満たす関数 $u(x,y)$ を求めよ.

2. (1) 関数 $z=x^2-y^2$ のグラフを xyz 空間に図示せよ.

(2) $z=x^2-y^2$ のグラフ上の点 $(1,1,0)$ における法線ベクトル, および法線の式を求めよ.

(3) $z=x^2-y^2$ のグラフ上の点 $(1,1,0)$ における接平面の式を求めよ.

(4) 点 $(1,1,0)$ を通り, $z=x^2-y^2$ のグラフに含まれる直線の式を求めよ.

3. $x^2+y^2+z^2=1$ であるとき,

(1) 関数 $x+2y+3z$ の最大値

(2) 関数 $x+2y+3z$ の最小値

をラグランジュの未定乗数法で求めよ.

4. 次の重積分の値を求めよ.

(1) $\iint_A x^2y^2\,dxdy$, ただし, $A=\{(x,y)\in\mathbb{R}^2:0\leqq x\leqq 2,\ 0\leqq y\leqq 2\}$

(2) $\iint_B y\,dxdy$, ただし, $B=\{(x,y)\in\mathbb{R}^2:x^2\leqq y\leqq x\}$

(3) $\iint_C \dfrac{1}{x^2+y^2}\,dxdy$, ただし, $C=\{(x,y)\in\mathbb{R}^2:1\leqq x^2+y^2\leqq 4\}$

5. 次の重積分の値をベータ関数またはガンマ関数を用いて表せ.

$$\iint_D x^{p-1}y^{q-1}\,dxdy, \qquad D=\{(x,y)\in\mathbb{R}^2:0\leqq x,\ 0\leqq y,\ 0\leqq x+y\leqq 1\}$$

練習問題の略解およびヒント

1.1.1 ヒント：$\sqrt{3}$ が有理数 $\dfrac{n}{m}$ $(m,n \in \mathbb{N})$ であると仮定して矛盾をだす.

1.1.2 略

1.1.3 ヒント：数学的帰納法と三角不等式を用いる.

1.1.4 長方形の縦, 横の長さをそれぞれ a,b とおくと, 仮定から $a+b=4$ である. $\sqrt{ab} \leqq \dfrac{a+b}{2}$ により, $ab \leqq \left(\dfrac{a+b}{2}\right)^2 = 4$. 等号が成立するのは $a=b$ のときであるので, 求める長方形は, $a=b=2$ の正方形である.

別解：面積を $x(4-x)$ とおいて 2 次関数の問題として解いてもよい.

1.1.5 最大値は $\sqrt{29}$, 最小値は $-\sqrt{29}$

1.1.6 $x=y=z=\dfrac{1}{3}$ のとき最小値 $\dfrac{1}{3}$ をとる.

1.1.7 (1) シュワルツの不等式により $|ax+by| \leqq \sqrt{a^2+b^2}\sqrt{x^2+y^2}$. $ax+by=c$ であるので $\dfrac{|c|}{\sqrt{a^2+b^2}} \leqq \sqrt{x^2+y^2}$. 以上から $\dfrac{|c|}{\sqrt{a^2+b^2}}$ が求める距離である.

(2) $\dfrac{|d|}{\sqrt{a^2+b^2+c^2}}$

1.1.8 (1) シュワルツの不等式により
$$|a(x-x_0)+b(y-y_0)| \leqq \sqrt{a^2+b^2}\sqrt{(x-x_0)^2+(y-y_0)^2}.$$
$ax+by=c$ であるので $\dfrac{|ax_0+by_0-c|}{\sqrt{a^2+b^2}} \leqq \sqrt{(x-x_0)^2+(y-y_0)^2}$. 以上から $\dfrac{|ax_0+by_0-c|}{\sqrt{a^2+b^2}}$ が求める距離である.

(2) (1)と同じように考えて $\dfrac{|ax_0+by_0+cz_0-d|}{\sqrt{a^2+b^2+c^2}}$ を得る.

1.1.9 ヒント：x の関数 $f(x)=\dfrac{1}{p}x^p+\dfrac{1}{q}y^q-xy$ を考える. 導関数 $f'(x)=x^{p-1}-y$ を考え, 増減表をつくる.

1.1.10 ヒント：$f(x)=2^{p-1}(x^p+b^p)-(x+b)^p$ を考える.

1.1.11 (1) 1 (2) 1 (3) $-\dfrac{1}{2}$ (4) $\dfrac{1}{2}$

1.1.12 (1) $\dfrac{1}{x}$ (2) $\dfrac{1}{\log_e 10}\dfrac{1}{x}$ (3) $\dfrac{1}{\log_e 2}\dfrac{1}{x}$ (4) $\dfrac{1}{\log_e a}\dfrac{1}{x}$

1.1.13 部分積分する. (1) $x\log x - x$ (2) $\dfrac{1}{\log_e 10}(x\log x - x)$

(3) $\dfrac{1}{\log_e 2}(x\log x - x)$ (4) $\dfrac{1}{\log_e a}(x\log x - x)$

1.1.14 略

1.1.15 略

1.1.16 略

1.2.1 厳密な解答：$|a_{2n} - a_{2n+1}| = 2$ であるので $\{a_n\}$ はコーシー列ではない．したがって収束していない．

直観的解答：振動しているから．

1.2.2 (1) $e^h = 1 + t$ とおく．$\displaystyle\lim_{h\to 0}\dfrac{e^h - 1}{h} = \lim_{t\to 0}\dfrac{t}{\log(t+1)} = 1$.

(2) $\displaystyle\lim_{h\to 0}\dfrac{e^{x+h} - e^x}{x} = e^x \lim_{h\to 0}\dfrac{e^h - 1}{h} = e^x$.

1.2.3 略

1.2.4 ヒント：数学的帰納法または二項定理を使う．h の関数 $f(h) = (1+h)^n - (1+nh)$ の増減を調べてもできる．

1.2.5 $\displaystyle\lim_{n\to\infty}\dfrac{1}{n^4}\sum_{k=1}^{n} k^3 = \lim_{n\to\infty}\dfrac{1}{n^4}\left(\dfrac{n(n+1)}{2}\right)^2 = \lim_{n\to\infty}\dfrac{1}{4}\left(1 + \dfrac{1}{n}\right)^2 = \dfrac{1}{4}$

別解：区分求積法でも計算できる．$\displaystyle\lim_{n\to\infty}\dfrac{1}{n^4}\sum_{k=1}^{n} k^3 = \int_0^1 x^3\,dx = \dfrac{1}{4}$

1.2.6 ヒント：$f(x) = e^x - \dfrac{x^n}{n!}$ とおき，増減を調べる．数学的帰納法も使う．

1.2.7 4

1.2.8 $a = 1$ のとき e^b．$a < 1$ のとき 0．$a > 1$ のとき ∞．

1.2.9 1

1.2.10 $\left|\displaystyle\int_0^1 \dfrac{(-x)^n}{1+x}\,dx\right| \leqq \int_0^1 \left|\dfrac{(-x)^n}{1+x}\right|\,dx \leqq \int_0^1 \dfrac{x^n}{1+x}\,dx \leqq \int_0^1 x^n\,dx = \dfrac{1}{n+1}$ なので

$$\lim_{n\to\infty}\left|\int_0^1 \dfrac{(-x)^n}{1+x}\,dx\right| \leqq \lim_{n\to\infty}\dfrac{1}{n+1} = 0.$$

1.2.11 $\displaystyle\lim_{n\to\infty}\dfrac{1}{n^3}\sum_{k=1}^{n} k^2 = \lim_{n\to\infty}\sum_{k=1}^{n}\dfrac{1}{n}\left(\dfrac{k}{n}\right)^2 = \int_0^1 x^2\,dx = \dfrac{1}{3}$

1.2.12 略

1.2.13 $x = \dfrac{1+\sqrt{5}}{2}, \dfrac{1-\sqrt{5}}{2}$ (注意：$\dfrac{1+\sqrt{5}}{2}$ は黄金比とよばれている．)

1.2.14 ヒント：$x_{n+1} = \dfrac{1}{2}\left(x_n + \dfrac{3}{x_n}\right)$, $x_0 = 1$ を利用する．

1.2.15 $x_{n+1} = \dfrac{1}{2}\left(x_n + \dfrac{a}{x_n}\right)$

1.2.16 $\sqrt{3}$. $\displaystyle\lim_{n\to\infty} a_n = a$ とおくと，$a = \dfrac{1}{2}\left(a + \dfrac{3}{a}\right)$. $a^2 = 3$ より $a = \sqrt{3}$.

1.2.17 $a_n = \dfrac{1}{\sqrt{5}}\left\{\left(\dfrac{1+\sqrt{5}}{2}\right)^n - \left(\dfrac{1-\sqrt{5}}{2}\right)^n\right\}$

1.2.18 $a_n = 3^n$．順番にやっていくと $a_1 = 3$, $a_2 = 9$, $a_3 = 27$ となり，a_n の形が予想

練習問題の略解およびヒント

される．

1.2.19 階差数列を使うと便利である．
$$a_n = a_0 + \sum_{k=1}^{n-1} k = 1 + \frac{n(n-1)}{2} = \frac{n^2 - n + 2}{2}$$

1.2.20 $\sum_{k=1}^{n} a^k = \frac{a - a^{n+1}}{1-a}$ を利用する．

(1) $\sum_{k=1}^{n} ka^{k-1} = \frac{d}{da} \sum_{k=1}^{n} a^k = \frac{d}{da} \frac{a - a^{n+1}}{1-a} = \frac{1 - (n+1)a^n + na^{n+1}}{(1-a)^2}$

(2) $\lim_{n \to \infty} na^n = 0$ なので，(1) の結果から $\frac{1}{(1-a)^2}$．

1.2.21 ヒント：$y = \frac{1}{x}$ のグラフを描き，面積の比較をする．

1.2.22 $p = \frac{1}{300}$ であるから $\frac{1}{p} = 300$ となり，300 回必要である．したがって，最低 15,000 円の投資がいる．出玉が 1500 発であるとし，等価交換とすると換金金額は 6,000 円である．したがって，等価交換であるとしても確実に 9,000 円負ける．つまり，店が確実に儲かり，客は負けるのである．(この単純な事実は意外に知られていない．)

1.2.23 $\sum_{k=1}^{n} (-x^2)^{k-1} = \frac{1 - (-x^2)^n}{1 + x^2}$ と $\int_0^1 \frac{1}{1+x^2} dx = \frac{\pi}{4}$ を利用する．

$$\int_0^1 \left\{ \sum_{k=1}^{n} (-x^2)^{k-1} \right\} dx = \int_0^1 \frac{1 - (-x^2)^n}{1 + x^2} dx = \int_0^1 \frac{1}{1+x^2} dx + \int_0^1 \frac{(-x^2)^n}{1+x^2} dx$$

$$\therefore \sum_{k=1}^{n-1} \frac{(-1)^{k-1}}{2k+1} = \frac{\pi}{4} + \int_0^1 \frac{(-x^2)^n}{1+x^2} dx.$$

したがって，$\lim_{n \to \infty} \int_0^1 \frac{(-x^2)^n}{1+x} dx = 0$ なので $\sum_{n=1}^{\infty} \frac{(-1)^{n-1}}{2n-1} = \frac{\pi}{4}$．

1.2.24 ヒント：展開式 $\log\left(\frac{1+x}{1-x}\right) = 2 \sum_{n=0}^{\infty} \frac{1}{2n+1} x^{2n+1}$ に $x = \frac{1}{2}$ を代入すればよい．

1.2.25 略

1.3.1 $\lim_{x \to 0} \left(\frac{1}{e^x - 1} - \frac{1}{x} \right) = \lim_{x \to 0} \frac{x - e^x + 1}{x(e^x - 1)} = \lim_{x \to 0} \frac{(x - e^x + 1)'}{(x(e^x - 1))'}$

$= \lim_{x \to 0} \frac{1 - e^x}{e^x - 1 + xe^x} = \lim_{x \to 0} \frac{-e^x}{2e^x + xe^x} = -\frac{1}{2}$

1.3.2 (1) $0 < \frac{1}{\sqrt{4\pi t}} e^{\frac{-x^2}{4t}} \leq \frac{1}{\sqrt{4\pi t}}$ により 0．

(2) $x = 0$ のとき ∞．$x \neq 0$ のとき $u = \frac{1}{\sqrt{4t}}$ とおく．

$$\lim_{t \to 0} \frac{1}{\sqrt{4\pi t}} e^{\frac{-x^2}{4t}} = \lim_{u \to \infty} \frac{1}{\sqrt{\pi}} u e^{-u^2 x^2} = \lim_{u \to \infty} \frac{1}{\sqrt{\pi}} \frac{u}{e^{u^2 x^2}} = \lim_{u \to \infty} \frac{1}{\sqrt{\pi}} \frac{1}{2u e^{u^2 x^2}} = 0$$

1.3.3 (1) ヒント：$y = \sin x$ と $y = \frac{2}{\pi} x$ のグラフを描いて比較する．

(2) $\dfrac{\pi}{2R}(1-e^{-R})$

(3) $0 \leq \displaystyle\lim_{R\to\infty}\int_0^{\frac{\pi}{2}} e^{-R\sin x}\,dx \leq \lim_{R\to\infty}\int_0^{\frac{\pi}{2}} e^{-\frac{2}{\pi}Rx}\,dx = \lim_{R\to\infty}\dfrac{\pi}{2R}(1-e^{-R}) = 0$

1.3.4 $\displaystyle\lim_{x\to a}\dfrac{x^4-a^4}{x-a} = \lim_{x\to a}\dfrac{(x-a)(x+a)(x^2+a^2)}{x-a} = \lim_{x\to a}(x+a)(x^2+a^2) = 4a^3$

1.3.5 $\displaystyle\lim_{x\to 0}\dfrac{e^x-e^{-x}}{x} = \lim_{x\to 0}\dfrac{e^x-1-(e^{-x}-1)}{x}$

$\qquad = \displaystyle\lim_{x\to 0}\dfrac{e^x-1}{x} + \lim_{x\to 0}\dfrac{e^{-x}-1}{-x} = 2\lim_{x\to 0}\dfrac{e^x-1}{x} = 2$

別解：ロピタルの定理を使う．$\displaystyle\lim_{x\to 0}\dfrac{e^x-e^{-x}}{x} = \lim_{x\to 0}(e^x+e^{-x}) = 2$

1.3.6 $\displaystyle\lim_{x\to 0}\dfrac{3^x-2^x}{x} = \lim_{x\to 0}\dfrac{3^x-1-(2^x-1)}{x} = \lim_{x\to 0}\dfrac{3^x-1}{x} - \lim_{x\to 0}\dfrac{(2^x-1)}{x}$

$\qquad = \log 3 - \log 2 = \log\dfrac{3}{2}$

別解：ロピタルの定理を使う．

$$\lim_{x\to 0}\dfrac{3^x-2^x}{x} = \lim_{x\to 0}(3^x\log 3 - 2^x\log 2) = \log 3 - \log 2 = \log\dfrac{3}{2}$$

1.3.7 $\displaystyle\lim_{x\to a}\dfrac{x^3-a^3}{x-a} = \lim_{x\to a}(x^2+ax+a^2) = 3a^2$ であるので，$f'(a) = 3a^2$．

1.3.8 $\displaystyle\lim_{h\to 0}\dfrac{f(h)-f(-h)}{h} = \lim_{h\to 0}\dfrac{f(h)-f(0)+f(0)-f(-h)}{h}$

$\qquad = \displaystyle\lim_{h\to 0}\dfrac{f(h)-f(0)}{h} + \lim_{h\to 0}\dfrac{f(0)-f(-h)}{h}$

$\qquad = 2\displaystyle\lim_{h\to 0}\dfrac{f(h)-f(0)}{h} = 2f'(0)$

1.3.9 $y' = e^x$ であるので $y'(0) = 1$．したがって，$y = e^x$ の $x = 0$ における接線の方程式，法線の方程式はそれぞれ $y = x+1$, $y = -x+1$．

1.3.10 $y' = \dfrac{1}{2}(1+x)^{-\frac{1}{2}}$ であるので $y'(0) = \dfrac{1}{2}$．したがって，$y = \sqrt{1+x}$ の $x = 0$ における接線の方程式，法線の方程式はそれぞれ $y = \dfrac{1}{2}x+1$, $y = -2x+1$．

1.3.11 曲線 $y = e^{bx}$ 上の点 (a, e^{ba}) における接線の方程式は $y = be^{ba}(x-a)+e^{ba}$ である．したがって，$A\left(a-\dfrac{1}{b}, 0\right)$ である．$B(a, 0)$ であるので，$AB = \dfrac{1}{b}$ である．

1.3.12 略

1.3.13 近似式 $\sqrt{1+x} \sim 1+\dfrac{x}{2}$ を使う．

$$\sqrt{5} = \sqrt{4\left(1+\dfrac{1}{4}\right)} = 2\sqrt{1+\dfrac{1}{4}} \sim 2\left(1+\dfrac{1}{8}\right) = 2+\dfrac{1}{4} = 2.25$$

真の値は $2.23\ldots$ であるので，わりと良い近似値である．

1.3.14 近似式 $\sqrt{1+x} \sim 1 + \dfrac{x}{2}$ を使う．

$$\sqrt{10} = \sqrt{9\left(1+\frac{1}{9}\right)} = 3\sqrt{1+\frac{1}{9}} \sim 3\left(1+\frac{1}{18}\right) = 3 + \frac{1}{6} = 3.16$$

真の値は 3.1622... であるので，わりと良い近似値である．

1.3.15 $\sin 1 \sim 1 - \dfrac{1}{3!} = 1 - \dfrac{1}{6} = \dfrac{5}{6} = 0.833...$

真の値は 0.8414... であるので，わりと良い近似値である．

1.3.16 $\log 3 \sim 2\left(\dfrac{1}{2} + \dfrac{1}{3}\left(\dfrac{1}{2}\right)^3\right) = 1 + \dfrac{1}{12} = 1.083...$

真の値は 1.098... であるので，わりと良い近似値である．

1.4.1 略

1.4.2 略

1.4.3 ヒント：$g(x) = e^x - 1 - x - \dfrac{x^2}{2}$ とおき，例題 1.4.8 の結果を用いる．

1.4.4 ヒント：$h(x) = e^x - \sum_{n=0}^{N} \dfrac{x^n}{n!}$ とおき，数学的帰納法を用いる．

1.4.5 (1) $e^x \geqq 1 + x \ (x \geqq 0)$ であるので，$e^{x^2} \geqq 1 + x^2$．逆数を考えて $e^{-x^2} \leqq \dfrac{1}{1+x^2}$．

(2) (1) の不等式の両辺を 0 から R まで積分すると

$$\int_0^R e^{-x^2}\,dx \leqq \int_0^R \frac{1}{1+x^2}\,dx = \arctan R.$$

(3) (1) の不等式の両辺を 0 から ∞ まで積分すると

$$\int_0^\infty e^{-x^2}\,dx \leqq \int_0^\infty \frac{1}{1+x^2}\,dx = \frac{\pi}{2}.$$

1.5.1 $t = e^x$ とおくと $e^{-x} = \dfrac{1}{e^x} = \dfrac{1}{t}$．したがって $\sinh x = 1$ は $t - \dfrac{1}{t} = 2$ となる．両辺に t をかけて $t^2 - 2t - 1 = 0$．この 2 次方程式を解いて $t = 1 + \sqrt{2}$，または $t = 1 - \sqrt{2}$．$t = e^x > 0$ なので $t = 1 + \sqrt{2}$．ゆえに $x = \log(1 + \sqrt{2})$．

(2) $t = e^x$ とおくと $e^{-x} = \dfrac{1}{e^x} = \dfrac{1}{t}$ なので，$\tanh x = 1$ は $\dfrac{t^2 - 1}{t^2 + 1} = 1$ となる．これより $t^2 = 3$．$t > 0$ なので $t = \sqrt{3}$．$t = e^x$ より $x = \dfrac{1}{2}\log 3$．

1.5.2 (1) $\dfrac{d\tanh x}{dx} = \dfrac{d}{dx}\dfrac{e^x - e^{-x}}{e^x + e^{-x}} = \dfrac{4}{(e^x + e^{-x})^2}$

(2) 相加平均 $\geqq$ 相乗平均より $\dfrac{e^x + e^{-x}}{2} \geqq \sqrt{e^x \cdot e^{-x}} = 1$．したがって，

$$\frac{d\tanh x}{dx} = \frac{4}{(e^x + e^{-x})^2} = \left(\frac{2}{e^x + e^{-x}}\right)^2 \leqq 1.$$

1.5.3 $\dfrac{e^a + e^{-a}}{2} - 1$

1.5.4 (1) $\log(e^a + e^{-a}) - \log 2$　(2) $x = \log(2 \pm \sqrt{3})$

1.6.1 略

1.6.2 $y = \arccos x$ とおく．定義から $x = \cos y$ $(0 \leqq y \leqq \pi)$ である．

$$\frac{d \arccos x}{dx} = \frac{dy}{dx} = \frac{1}{\frac{dx}{dy}} = \frac{1}{\frac{d \cos y}{dy}} = -\frac{1}{\sin y} = -\frac{1}{\sqrt{1 - \cos^2 y}} = -\frac{1}{\sqrt{1 - x^2}}$$

注意： $\sin y = \pm\sqrt{1 - \cos^2 y}$ であるが，$0 \leqq y \leqq \pi$ の範囲では $\sin y \geqq 0$ であるので，$\sin y = \sqrt{1 - \cos^2 y}$ となる．

1.6.3 $a = \arcsin \frac{3}{5}$, $b = \arcsin \frac{4}{5}$ とおく．$\sin a = \frac{3}{5}$, $\sin b = \frac{4}{5}$, $\cos a = \frac{4}{5}$, $\cos b = \frac{3}{5}$ である．$\sin(a+b) = \sin a \cos b + \sin b \cos a = \frac{3}{5} \times \frac{3}{5} + \frac{4}{5} \times \frac{4}{5} = 1$. よって $a + b = \frac{\pi}{2}$.

1.6.4 (1) $\frac{\pi}{4}$　(2) $\frac{\pi}{6}$　(3) π

1.6.5 仮定より $\tan x = \frac{1}{5}$ である．

(1) $\tan 2x = \dfrac{2\tan x}{1 - \tan^2 x} = \dfrac{\frac{2}{5}}{1 - \frac{1}{25}} = \dfrac{5}{12}$

(2) $\tan 4x = \dfrac{2\tan 2x}{1 - \tan^2 2x} = \dfrac{\frac{10}{12}}{1 - \frac{25}{144}} = \dfrac{120}{119}$

1.6.6 $\displaystyle\int_0^{\frac{1}{2}} \frac{1}{\sqrt{1-x^2}}\,dx = \left[\sin^{-1} x\right]_0^{\frac{1}{2}} = \sin^{-1}\left(\frac{1}{2}\right) = \frac{\pi}{6}$

1.7.1 (1) $g(f(x)) = \sin e^x$　(2) $f(g(y)) = e^{\sin y}$

1.7.2 対数微分の公式から，$\dfrac{d\log(x^2+1)}{dx} = \dfrac{(x^2+1)'}{x^2+1} = \dfrac{2x}{x^2+1}$.

1.7.3 (1) $y = 1 + x^2$ とおく．

$$\frac{d\sqrt{1+x^2}}{dx} = \frac{d\sqrt{y}}{dx} = \frac{dy^{\frac{1}{2}}}{dy}\frac{dy}{dx} = \frac{1}{2}y^{-\frac{1}{2}}(2x) = \frac{2x}{2\sqrt{1+x}} = \frac{x}{\sqrt{1+x}}$$

(2) $\dfrac{d}{dx}(x + \sqrt{1+x^2}) = 1 + \dfrac{x}{\sqrt{1+x^2}} = \dfrac{x + \sqrt{1+x^2}}{\sqrt{1+x^2}}$

(3) $y = x + \sqrt{1+x^2}$ とおく．

$$\frac{d}{dx}\log\left(x + \sqrt{1+x^2}\right) = \frac{d\log y}{dx} = \frac{d\log y}{dy}\frac{dy}{dx} = \frac{1}{y}\left(\frac{x + \sqrt{1+x^2}}{\sqrt{1+x^2}}\right)$$

$$= \frac{1}{x + \sqrt{1+x^2}}\frac{x + \sqrt{1+x^2}}{\sqrt{1+x^2}} = \frac{1}{\sqrt{1+x^2}}$$

1.7.4 $y = e^x$ とおく．

$$\frac{d\tan^{-1}(e^x)}{dx} = \frac{d\tan^{-1} y}{dx} = \frac{d\tan^{-1} y}{dy}\frac{dy}{dx} = \frac{1}{1+y^2}e^x = \frac{e^x}{1+e^{2x}} = \frac{1}{2\cosh x}$$

1.7.5 $y = \tanh \dfrac{x}{2}$ とおく．

$$\frac{d\log\tanh\frac{x}{2}}{dx} = \frac{d\log y}{dx} = \frac{d\log y}{dy}\frac{dy}{dx} = \frac{1}{y}\frac{dy}{dx} = \frac{1}{\tanh\frac{x}{2}}\frac{2}{(e^{\frac{x}{2}}+e^{-\frac{x}{2}})^2} = \frac{1}{\sinh x}$$

1.7.6 (1) $\dfrac{1}{\sqrt{a+x^2}}$ (2) $-\dfrac{1}{\sqrt{a+x^2}}$

注意： これらの計算法は，覚えておくと便利である．

1.7.7 $y = \log x$ とおくと $x = e^y$ である．

$$\frac{d}{dx}\log x = \frac{dy}{dx} = \frac{1}{\frac{dx}{dy}} = \frac{1}{\frac{d}{dy}e^y} = \frac{1}{e^y} = \frac{1}{x}$$

1.8.1 $(-1)^n(x-n)e^{-x}$

1.8.2 $n < m$ のとき $m(m-1)\cdots(m-n+1)x^{m-n}$, $n > m$ のとき 0.

1.8.3 $(-1)^n n!\, x^{-n-1}$

1.8.4 $(-1)^{n-1}(n-1)!\,(1+x)^{-n}$

1.8.5 $(-1)^n n!\,(1+x)^{-n-1}$

1.8.6 $\dfrac{n!}{(1-x)^{n+1}}$

1.8.7 $-\dfrac{(n-1)!}{(1-x)^n}$

1.8.8 略

1.8.9 $(x^2 + 2nx + n(n-1))e^x$

1.8.10 $(-1)^{n+1}(n-2)!\, x^{-n+1}$

1.9.1 ヒント： $e^x = \sum\limits_{n=0}^{\infty}\dfrac{x^n}{n!}$, $e^{-x} = \sum\limits_{n=0}^{\infty}(-1)^n\dfrac{x^n}{n!}$ を使う．

$$\sinh x = \frac{e^x - e^{-x}}{2} = \frac{1}{2}\left(\sum_{n=0}^{\infty}\frac{x^n}{n!} - \sum_{n=0}^{\infty}(-1)^n\frac{x^n}{n!}\right) = \sum_{n=0}^{\infty}\frac{x^{2n+1}}{(2n+1)!}.$$

1.9.2 $a_n = \dfrac{1}{\sqrt{5}}\left\{\left(\dfrac{1+\sqrt{5}}{2}\right)^n - \left(\dfrac{1-\sqrt{5}}{2}\right)^n\right\}$

1.9.3 $a_n = \dfrac{n^2 - n + 2}{2}$

1.9.4 (1) $\sum\limits_{n=1}^{\infty} nqp^{n-1} = q\sum\limits_{n=1}^{\infty} np^{n-1} = \dfrac{q}{(1-p)^2} = \dfrac{1}{q}$

(2) $\sum\limits_{n=1}^{\infty} n^2 q p^{n-1} = q\sum\limits_{n=0}^{\infty} n\dfrac{d}{dp}p^n$

$$= q\frac{d}{dp}\sum_{n=1}^{\infty} np^n = q\frac{d}{dp}\frac{p}{(1-p)^2} = q\frac{p}{(1-p)^3} = \frac{1+p}{q^2}$$

1.11.1 $\displaystyle\int \frac{\cos x}{\sin x}\,dx = \int \frac{(\sin x)'}{\sin x}\,dx = \log|\sin x|$

1.11.2 (1) 基本的事実 I により $\dfrac{d}{dx}\displaystyle\int_0^x e^t\,dt = e^x$.

(2) 合成関数の微分の公式により $2xe^{x^2}$. 直接積分して $e^{x^2} - 1$ を求めてから微分しても求まる．

1.11.3 基本的事実 I と合成関数の微分の公式により $e^{-\sin^2 x}\cos x$.

1.11.4 与えられた式の両辺を微分して $f(x) = e^x + \cos x$.

1.11.5 (1) $\displaystyle\int x^n \log x\, dx = \frac{x^{n+1}}{n+1}\log x - \frac{x^{n+1}}{(n+1)^2}$

(2) $\displaystyle\int_0^1 x^n \log x\, dx = -\frac{1}{(n+1)^2}$

1.11.6 $\displaystyle\int_{-\pi}^{\pi} x\sin nx\, dx = 2\int_0^{\pi} x\sin nx\, dx$
$$= 2\left[-\frac{x}{n}\cos nx\right]_0^{\pi} + \frac{2}{n}\int_0^{\pi}\cos nx\, dx = \frac{2\pi}{n}(-1)^{n+1}$$

1.11.7 $\dfrac{m!\, n!}{(m+n+1)!}$

1.11.8 $n!$

1.11.9 $\dfrac{n!}{s^{n+1}}$

1.11.10 $\dfrac{1}{s^2+1}$

1.11.11 $\dfrac{s}{s^2+1}$

1.11.12 (1) $\displaystyle\int \cos^{-1} x\, dx = \int (x)'\cos^{-1} x\, dx = x\cos^{-1} x - \int x(\cos^{-1} x)'\, dx$
$$= x\cos^{-1} x + \int \frac{x}{\sqrt{1-x^2}}\, dx = x\cos^{-1} x - \sqrt{1-x^2}$$

(2) $\displaystyle\int_0^1 \cos^{-1} x\, dx = \left[x\cos^{-1} x - \sqrt{1-x^2}\right]_0^1 = 1$

1.11.13 (1) $\displaystyle\int \frac{1}{\sin x}\, dx = \int \frac{\sin x}{\sin^2 x}\, dx = \int \frac{\sin x}{1-\cos^2 x}\, dx$

$t = \cos x$ とおくと, $dt = -\sin x\, dx$. したがって,
$$\int \frac{\sin x}{1-\cos^2 x}\, dx = -\int \frac{1}{1-t^2}\, dt$$
$$= -\int \frac{1}{2}\left\{\frac{1}{1-t} + \frac{1}{1+t}\right\}dt = -\frac{1}{2}\log\left|\frac{1+t}{1-t}\right| = \frac{1}{2}\log\left|\frac{1-\cos x}{1+\cos x}\right|$$

(2) $\displaystyle\int_{\pi/4}^{\pi/2} \frac{1}{\sin x}\, dx = \frac{1}{2}\left[\log\left|\frac{1-\cos x}{1+\cos x}\right|\right]_{\pi/4}^{\pi/2} = -\frac{1}{2}\log\left(\frac{\sqrt{2}-1}{\sqrt{2}+1}\right) = -\log(\sqrt{2}-1)$

1.11.14 (1) 2倍角の公式により $\cos^2 x = \dfrac{1+\cos 2x}{2}$. したがって,
$$\int \cos^2 x\, dx = \int \frac{1+\cos 2x}{2}\, dx = x + \frac{1}{4}\sin 2x.$$

(2) $\displaystyle\int_0^{\pi/4} \cos^2 x\, dx = \left[x + \frac{1}{4}\sin 2x\right]_0^{\pi/4} = \frac{\pi}{4} + \frac{1}{4}$

1.11.15 略

1.11.16 略

練習問題の略解およびヒント

1.11.17 (1) $x\cos^{-1} x - \sqrt{1-x^2}$

(2) $\int_0^{\frac{1}{2}} \cos^{-1} x\, dx = \left[x\cos^{-1} x - \sqrt{1-x^2}\right]_0^{\frac{1}{2}} = \dfrac{\pi}{6} - \dfrac{\sqrt{3}}{2} + 1$

1.11.18 $\int \sqrt{a^2+x^2}\, dx = \dfrac{1}{2}x\sqrt{a^2+x^2} + \dfrac{1}{2}\log(x + \sqrt{a^2+x^2})$

1.11.19 (1) $\int_0^a (\sqrt{a^2+x^2} - cx)\, dx = \left[\dfrac{1}{2}x\sqrt{a^2+x^2} - \dfrac{c}{2}x^2 + \dfrac{1}{2}\log(x+\sqrt{a^2+x^2})\right]_0^a$

$$= \dfrac{\sqrt{2}}{2}a^2 - \dfrac{c}{2}a^2 + \dfrac{1}{2}\log(1+\sqrt{2})$$

(2) $c = \sqrt{2}$

1.11.20 $\int \dfrac{d\theta}{\sin\theta} = \int \dfrac{1}{\frac{2t}{1+t^2}}\dfrac{2dt}{1+t^2} = \int \dfrac{dt}{t} = \log|t| = \log\left|\tan\dfrac{\theta}{2}\right|$

1.11.21 略

1.11.22 $t = \tan\dfrac{\theta}{2}$ とおく．

$$\int_{-\pi}^{\pi} \dfrac{1}{a+\cos\theta}d\theta = \int_{-\infty}^{\infty} \dfrac{1}{a+\frac{1-t^2}{1+t^2}}\dfrac{2\,dt}{1+t^2}$$

$$= 2\int_{-\infty}^{\infty} \dfrac{dt}{(1+t^2)a + 1 - t^2} = 2\int_{-\infty}^{\infty} \dfrac{dt}{(a-1)t^2 + a + 1}$$

$$= \dfrac{2}{a+1}\int_{-\infty}^{\infty} \dfrac{dt}{\left(\sqrt{\frac{a-1}{a+1}}t\right)^2 + 1} = \dfrac{2}{\sqrt{a^2-1}}\int_{-\infty}^{\infty} \dfrac{du}{u^2+1} = \dfrac{2\pi}{\sqrt{a^2-1}}$$

1.11.23 略

1.12.1 $S = \int_0^{2\pi} y(t)\dfrac{dx(t)}{dt}\, dt = \int_0^{2\pi} a^2(1-\cos t)^2\, dt$

$$= \left[\dfrac{3}{2}t - 2\sin t + \dfrac{1}{4}\sin 2t\right]_0^{2\pi} = 3\pi a^2$$

1.12.2 $x = a\cos t,\ y = b\sin t$ とおく．

$$S = 2\int_{-a}^{a} y\, dx = 2\int_{pi}^{0} y(t)\dfrac{dx(t)}{dt}\, dt = 2\int_0^{\pi} ab\sin^2 t\, dt = 2ab\left[\dfrac{1}{2} - \dfrac{1}{4}\cos 2t\right]_0^{\pi} = \pi ab$$

1.14.1 $\int_{-\infty}^{+\infty} e^{-|x|}\, dx = \lim_{R\to+\infty}\int_{-R}^{+R} e^{-|x|}\, dx = \lim_{R\to+\infty} 2\int_0^{+R} e^{-|x|}\, dx = 2$

1.14.2 $\int_{-\infty}^{0} e^x\, dx = \lim_{R\to+\infty}\int_{-R}^{0} e^x\, dx = \lim_{R\to+\infty}(1 - e^{-R}) = 1$

1.14.3 略

1.14.4 $\int_{-\infty}^{+\infty} \dfrac{1}{x^2+a^2}\, dx = 2\int_0^{+\infty} \dfrac{1}{x^2+a^2}\, dx = \dfrac{\pi}{a}$

1.14.5 $\int_2^{+\infty} \frac{1}{x^2-1}\,dx = \frac{1}{2}\int_2^{+\infty}\left(\frac{1}{x-1}-\frac{1}{x+1}\right)dx = \frac{1}{2}\lim_{R\to\infty}\left[\log\left(\frac{x-1}{x+1}\right)\right]_2^R$

$\qquad\qquad = \frac{1}{2}\lim_{R\to\infty}\left[\log\left(\frac{R-1}{R+1}\right)-\log\frac{1}{3}\right] = \frac{1}{2}\log 3$

1.14.6 $\int_0^{+\infty}\frac{1}{x^2-x+1}\,dx = \int_0^{+\infty}\frac{1}{(x-\frac{1}{2})^2+\frac{3}{4}}\,dx = \frac{4}{3}\int_0^{+\infty}\frac{1}{(\frac{2}{\sqrt{3}}(x-\frac{1}{2}))^2+1}\,dx$

$\qquad\qquad = \frac{2}{\sqrt{3}}\int_{-\frac{1}{\sqrt{3}}}^{+\infty}\frac{1}{u^2+1}\,du = \frac{2}{\sqrt{3}}\left[\tan^{-1}u\right]_{-\frac{1}{\sqrt{3}}}^{\infty}$

$\qquad\qquad = \frac{2}{\sqrt{3}}\left(\frac{\pi}{2}-\frac{-\pi}{6}\right) = \frac{4\sqrt{3}}{9}\pi$

1.14.7 略

1.14.8 (1) 1　　(2) $n!$

1.14.9 (1) π　　(2) $\frac{1}{n}$

1.14.10 略

1.14.11 (1) $\frac{1}{2}B\left(\frac{n+1}{2},\frac{1}{2}\right)$　　(2) $\frac{1}{2}\Gamma\left(\frac{1}{2}\right)$

1.14.12 (1) $\Gamma(x)\Gamma(1-x)=\frac{\pi}{\sin\pi x}$ において $x=\frac{1}{2}$ を代入すると，$\Gamma\left(\frac{1}{2}\right)\Gamma\left(\frac{1}{2}\right)=\frac{\pi}{\sin\frac{\pi}{2}}$．これより $\Gamma\left(\frac{1}{2}\right)=\sqrt{\pi}$．

(2) $\Gamma\left(\frac{3}{2}\right)=\frac{1}{2}\Gamma\left(\frac{1}{2}\right)=\frac{\sqrt{\pi}}{2}$

2.1.1 原点を頂点とする円錐．

2.1.2 馬の鞍のような形の曲面になる (図 1)．

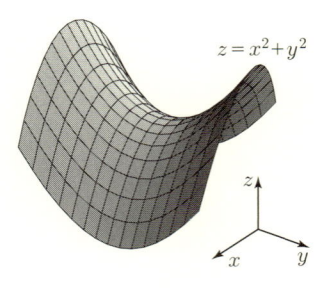

図 1　$z=x^2-y^2$ のグラフ

2.2.1 $x=r\cos\theta,\ y=r\sin\theta$ とおく．

$$\lim_{(x,y)\to(0,0)}\frac{x^2-y^2}{x^2+y^2}=\lim_{r\to 0}\frac{r^2(\cos^2\theta-\sin^2\theta)}{r^2}=\lim_{r\to 0}\cos 2\theta$$

したがって，極限値は方向ごとに異なるので存在しない．

練習問題の略解およびヒント

別解：$y = ax$ とおく.
$$\lim_{(x,y)\to(0,0)} \frac{x^2-y^2}{x^2+y^2} = \lim_{r\to 0} \frac{x^2-a^2x^2}{x^2+a^2x^2} = \lim_{r\to 0} \frac{1-a^2}{1+a^2} = \frac{1-a^2}{1+a^2}$$
したがって，極限値は方向ごとに異なるので存在しない．

2.2.2 (1) $2y$ (2) $-2y$

2.2.3 $\dfrac{2y}{x^2+y^2}$

2.2.4 (1) $\dfrac{x}{x^2+y^2}$ (2) $\dfrac{y}{x^2+y^2}$ (3) $\dfrac{-x}{x^2+y^2}$

2.2.5 $-e^x \sin y$

2.2.6 (1) yx^{y-1} (2) $x^y \log x$

2.2.7 略

2.3.1 -2

2.3.2 略

2.3.3 $\dfrac{\partial^2 e^x \sin y}{\partial y \partial x} = \dfrac{\partial e^x}{\partial x} \dfrac{\partial \sin y}{\partial y} = e^x \cos y$

2.3.4 $\dfrac{\partial^2 \log(x^2+y^2)}{\partial y^2} = \dfrac{\partial}{\partial y} \dfrac{2y}{x^2+y^2} = \dfrac{2x^2-2y^2}{(x^2+y^2)^2}$

2.3.5 $\dfrac{-2xy}{(x^2+y^2)^2}$

2.3.6 (1) 4 (2) 0

2.3.7 $\dfrac{\partial^2}{\partial x^2} \arctan\left(\dfrac{y}{x}\right) + \dfrac{\partial^2}{\partial y^2} \arctan\left(\dfrac{y}{x}\right) = \dfrac{2xy}{(x^2+y^2)^2} + \dfrac{-2xy}{(x^2+y^2)^2} = 0$

2.3.8 略

2.3.9 略

2.3.10 ヒント：ラプラス方程式 $\Delta u(x,y) = 0$ の解であることを示す．

2.3.11 略

2.3.12 略

2.4.1 略

2.4.2 法線の式は $\dfrac{x-1}{2} = \dfrac{y-1}{-2} = \dfrac{z}{-1}$, 法線ベクトルは $(2,-2,-1)$, 接平面の式は $z = 2x - 2y$.

2.4.3 法線の式は $\dfrac{x}{0} = \dfrac{y}{0} = \dfrac{z}{-1}$, 法線ベクトルは $(0,0,1)$, 接平面の式は $z = 1$.

2.6.1 $g(x,y,z) = x+y+z-1$, $f(x,y,z) = x^2+y^2+z^2$ とおく．
$\nabla g = (1,1,1)$, $\nabla f = (2x,2y,2z)$ である．$\nabla f = \lambda \nabla g$ より $\begin{cases} 2x = \lambda, \\ 2y = \lambda, \\ 2z = \lambda. \end{cases}$ これより $x = y = z$.

$z = \dfrac{\lambda}{2}$ がわかる．条件 $x + y + z = 1$ から $x = y = z = \dfrac{1}{3}$．求める極値は，$x^2 + y^2 + z^2 = \dfrac{1}{3}$ である．$x^2 + y^2 + z^2$ は，原点から平面 $x + y + z = 1$ への距離の 2 乗を意味しているのでこれは最小値である．最大値は存在しない．

2.6.2 略

2.6.3 略

2.7.1
$$\iint_D \sin(x+y)\,dxdy = \iint_D (\sin x \cos y + \sin y \cos x)\,dxdy$$
$$= \bigl[-\cos x\bigr]_0^{\frac{\pi}{2}} \cdot \bigl[-\sin y\bigr]_0^{\frac{\pi}{2}} + \bigl[-\cos y\bigr]_0^{\frac{\pi}{2}} \cdot \bigl[-\sin x\bigr]_0^{\frac{\pi}{2}}$$
$$= 1 + 1 = 2$$

2.8.1 (1)
$$\iint_D \sqrt{1-x^2}\,dxdy = \int_{-1}^{1} \left\{ \int_{-\sqrt{1-x^2}}^{\sqrt{1-x^2}} \sqrt{1-x^2}\,dy \right\} dx$$
$$= \int_{-1}^{1} \bigl[\sqrt{1-x^2}\,y\bigr]_{-\sqrt{1-x^2}}^{\sqrt{1-x^2}} dx = 2\int_{-1}^{1} (1-x^2)\,dx = \dfrac{8}{3}$$

(2)
$$\iint_D (1+2y)\,dxdy = \int_{\frac{\pi}{4}}^{\frac{\pi}{2}} \left\{ \int_{\cos x}^{\sin x} (1+2y)\,dy \right\} dx = \int_{\frac{\pi}{4}}^{\frac{\pi}{2}} \bigl[y+y^2\bigr]_{\cos x}^{\sin x} dx$$
$$= \int_{\frac{\pi}{4}}^{\frac{\pi}{2}} (\sin x - \cos x - \cos 2x)\,dx = \sqrt{2} - \dfrac{1}{2}$$

2.8.2 $\dfrac{1}{6}$

2.9.1 (1) $r^2 = r\sin\theta$ なので $x^2 + y^2 = y$．これを変形して $x^2 + \left(y - \dfrac{1}{2}\right)^2 = \dfrac{1}{4}$．したがって $\left(0, \dfrac{1}{2}\right)$ を中心とし，半径 $\dfrac{1}{2}$ の円を表す．

(2) $(1, 0)$ を中心とし，半径 1 の円．

2.9.2 (1)
$$\iint_D (x^2 + y^2)\,dxdy = \int_0^{\frac{\pi}{2}} \int_0^2 r^2 \cdot r\,drd\theta$$
$$= \int_0^{\frac{\pi}{2}} d\theta \cdot \int_0^2 r^3\,dr = \dfrac{\pi}{2}\left[\dfrac{r^4}{4}\right]_0^2 = \dfrac{\pi}{2} \cdot \dfrac{16}{4} = 2\pi$$

(2)
$$\iint_D 2xy\,dxdy = \int_0^{\frac{\pi}{2}} \int_0^2 2r^2 \sin\theta \cos\theta \, r\,drd\theta$$
$$= \int_0^{\frac{\pi}{2}} 2\sin\theta \cos\theta\,d\theta \cdot \int_0^2 r^3\,dr = \int_0^{\frac{\pi}{2}} \sin 2\theta\,d\theta \cdot \int_0^2 r^3\,dr$$
$$= \left[-\dfrac{1}{2}\cos 2\theta\right]_0^{\frac{\pi}{2}} \cdot \left[\dfrac{1}{4}r^4\right]_0^2 = -\dfrac{1}{2}(-1-1) \cdot \dfrac{2^4}{4} = \dfrac{16}{4} = 4$$

2.9.3 (1) $\iint_{D_R} e^{-(x^2+y^2)}\,dxdy = \int_0^{2\pi}\int_0^R e^{-r^2}r\,drd\theta = \pi(1-e^{-R^2})$

(2) $\displaystyle\lim_{R\to\infty}\iint_{D_R} e^{-(x^2+y^2)}\,dxdy = \pi$

2.9.4 積分領域は $D=\{(x,y):x^2+y^2\leqq a^2\}$ である.

$$\iint_D \{a^2-(x^2+y^2)\}\,dxdy = \int_0^{2\pi}\int_0^a (a^2-r^2)r\,drd\theta$$

$$= \int_0^{2\pi}\int_0^a (a^2r-r^3)\,drd\theta = \int_0^{2\pi}\left[a^2\frac{r^2}{2}-\frac{r^4}{4}\right]_0^a d\theta = 2\pi\cdot\frac{a^4}{4} = \frac{\pi}{2}a^4$$

2.9.5 積分領域は $D=\{(x,y):x^2+y^2\leqq c^2\}$ である.

$$\iint_D (2c-\sqrt{x^2+y^2})\,dxdy = \int_0^{2\pi}\int_0^c (2c-2r)r\,drd\theta$$

$$= 2\int_0^{2\pi}\int_0^c (cr-r^2)\,drd\theta = \frac{2}{3}\pi c^3$$

2.9.6 積分領域は $D=\{(x,y):x^2+y^2\leqq c^2\}$ である (図 2).

$$\iint_D (ax+b)\,dxdy = \int_0^{2\pi}\int_0^c (ar\cos\theta+b)r\,drd\theta$$

$$= a\int_0^{2\pi}\cos\theta\,d\theta\cdot\int_0^c r^2\,dr + \int_0^{2\pi}d\theta\cdot\int_0^c r\,dr = \pi bc^2$$

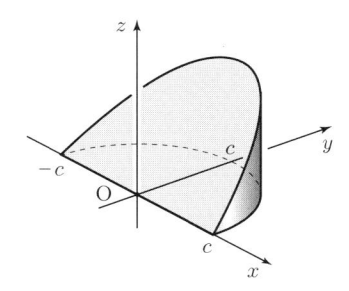

図 2 円柱 $x^2+y^2=c^2$ と xy 平面, および平面 $z=y$ の囲む立体

注意: この計算結果は, a の値に依存していない. 特に, $b=2c$ の場合 $2\pi c^3$ となる. したがって, 半径 c, 高さ $2c$ の円柱の体積は, この円柱に内接する球の体積の 1.5 倍, 円錐の体積の 3 倍であることがわかる.

2.9.7 積分領域は $D=\{(x,y):x^2+y^2\leqq 1,\ y\geqq 0\}$ である.

$$\iint_D y\,dxdy = \int_0^\pi\int_0^1 (r\sin\theta)r\,drd\theta = \int_0^\pi \sin\theta\,d\theta\int_0^1 r^2\,dr = \frac{2}{3}\pi$$

2.9.8 積分領域は $D=\{(x,y):x^2+y^2\leqq a^2\}$ である. この領域上で関数 $z=\sqrt{a^2-y^2}$ を積分し, 2 倍すれば求まる (図 3).

$$2\iint_D \sqrt{a^2-y^2}\,dxdy = 2\int_{-a}^{a}\int_{-\sqrt{a^2-y^2}}^{\sqrt{a^2-y^2}}\sqrt{a^2-y^2}\,dxdy$$

$$= 4\int_{-a}^{a}(a^2-y^2)\,dy = 8\left[a^2 y - \frac{y^3}{3}\right]_0^a = \frac{16}{3}a^3$$

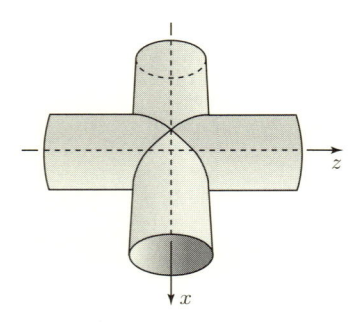

図 3　円柱 $x^2+y^2=a^2$ と円柱 $z^2+y^2=a^2$ の囲む立体

2.10.1 (1)　$|D| = \dfrac{a^2}{2}$

(2)　$\displaystyle\iint_D x\,dxdy = \int_0^a \int_0^{a-x} x\,dydx = \int_0^a [xy]_0^{a-x}\,dx = \int_0^a (ax - x^2)\,dx$

$\displaystyle = \left[\frac{ax^2}{2} - \frac{x^3}{3}\right]_0^a = \frac{a^3}{6}$

(3)　$\displaystyle\iint_D y\,dxdy = \int_0^a \int_0^{a-x} y\,dydx = \int_0^a (ax - x^2)\,dx = \frac{a^3}{6}$

(4)　$(x_G, y_G) = \left(\dfrac{a}{3}, \dfrac{a}{3}\right)$

2.10.2 (1)　$|D| = \dfrac{\pi a^2}{4}$

(2)　$\displaystyle\iint_D x\,dxdy = \int_0^{\frac{\pi}{2}}\int_0^a r\cos\theta\, r\,drd\theta = \int_0^a r^2\,dr \cdot \int_0^{\frac{\pi}{2}}\cos\theta\,d\theta = \frac{a^3}{3}$

(3)　$\displaystyle\iint_D y\,dxdy = \int_0^{\frac{\pi}{2}} dx \int_0^a r\sin\theta\, r\,drd\theta = \int_0^a r^2\,dr \cdot \int_0^{\frac{\pi}{2}}\sin\theta\,d\theta = \frac{a^3}{3}$

(4)　$(x_G, y_G) = \left(\dfrac{4a}{3\pi}, \dfrac{4a}{3\pi}\right)$

2.11.1　ヒント：$x(t) = a\cos t,\ y(t) = b\sin t\ (0 \leqq t \leqq 2\pi)$ とおく．πab

2.11.2　0

2.11.3　0

あとがき／参考文献

本書を読了した学生，あるいはこの本はやさしすぎると感じた大学生，高校生には，ぜひとも以下にあげる本を読むことを薦める．

寺沢寛一：自然科学者のための数学概論 上，下，岩波書店 (1972)
高木貞治：解析概論 [改訂第 3 版]，岩波書店 (1983)

この本の第 4 章の後半と第 5 章は，一度は読んでほしい．

これらの本を読み

$$\text{数が苦} \implies \text{数楽} \implies \text{数学}$$

と進化していけばしめたものである．

以下に，本書を読む際に参考になる文献をあげておく．

三宅敏恒：入門微分積分，培風館 (1998)
杉浦光夫：解析入門 I, II，東京大学出版会 (1986)
吉野邦生・吉田 稔・岡 康之：工科系学生のための 微分方程式講義，培風館 (2013)
犬井鉄郎：特殊関数，岩波全書 (1976)
安達忠次：微分幾何学概説，培風館 (1980)
森口繁一，宇田川銈，一松 信：数学公式 I, II, III，岩波書店 (1960)
高木貞治：近世数学史談，共立全書 (1979)

索　引

あ　行

アステロイド　　100, 105
アルキメデスの公理　　22
e　　9
n 次導関数　　60
エルミート関数　　60
円周率の展開式　　25
オイラーの定数 (γ)　　25
オイラーの公式　　65

か　行

開区間　　2
階乗記号　　7
ガウス関数　　80, 153
拡散方程式　　126
関数行列式 (ヤコビアン)　　150
関数
　——の極限　　26
　——の近似式　　34, 70
　——のグラフ　　39
ガンマ関数　　111, 154
　——の倍角公式　　112
幾何分布　　23
逆関数　　59
　——の微分　　49
　——の微分法　　59
逆三角関数　　47
　——の微分　　49
級数　　21
級数の収束　　21
　——の判定法　　22
極座標表示　　99
極座標変換　　146
　——の公式　　147
　——の関数行列式　　150

曲線の長さ　　103
近似理論　　19
区分求積法　　18, 97
グラフ　　39, 118
グリーンの定理　　156
原始関数　　79
懸垂線 (カテナリー)　　42, 99, 104
高階導関数　　60
高階 (高次) の偏微分　　124
広義積分　　108
　——の収束　　108
合成関数　　55
　——の微分　　56
　——の偏微分の公式　　132
交代級数　　24
勾配ベクトル　　134, 136
誤差評価　　38
コーシーの平均値の定理　　75
コーシー判定法　　12
コーシー列　　12

さ　行

サイクロイド　　100, 105
最小値 Min　　2
最大値 Max　　2
三角関数
　——の極限値　　14
三角不等式　　3
　積分の——　　6
指数関数　　9
自然対数の底 e　　9, 14
実数　　1
重積分　　140
収束
　広義積分の——　　108

数列の——　12
　　　級数の——　21
収束数列　11
シュレディンガー方程式　126
シュワルツの不等式　4, 6
順列・組合せの数　7
条件収束級数　24
乗積記号　8
初等関数
　　　——の近似式　64
心臓形(カージオイド)　100, 105
数列　12
　　　——の収束　12
スターリングの公式　112
整数　1
積分定数　79
接線　31
絶対収束級数　24
接平面　130
接ベクトル　130
漸化式　20
線積分　155
相加平均　3
双曲線　42, 99, 107
双曲線関数　42
　　　——の逆関数　44
　　　——の導関数　44
増減表の原理　37
相乗平均　3

た　行

第 n 部分和　21
対数関数　9
　　　——の展開式　25
対数微分　56
　　　——の公式　29
体積　101
楕円積分　73, 106
多変数関数　121
　　　——の極値　135
　　　——の平均値の定理　133
置換積分　58, 106
　　　——の公式　88, 93
中間値の定理　82
超関数　28

調和関数　126
追跡線　31
底　9
定数関数　37, 133
定積分　81
テイラー級数　64
　　　——の収束　71
デルタ関数　28
導関数　29
　　　高階 (n 次)——　60
等比級数
　　　——の和　22

な　行

ナブラ (∇)　134
二項定理　7, 61, 71
2 次導関数　38
ニュートン法　19
熱方程式　126

は　行

媒介変数表示　98
はさみうちの原理　13
発散
　　　級数の——　21
波動方程式　125
微分係数　28
フィボナッチ数列　21, 69
複素数　1
不定形　27
不定積分　79
部分集合　2
部分積分の公式　83
平均値の定理　36, 75
　　　——の拡張　38
　　　多変数関数の——　133
閉区間　2
平面曲線の長さ　103
ベクトル
　　　——の外積　129
　　　——の内積　128
ベータ関数　111, 153
ヘルダーの不等式　6
ベルトラミ擬球面　31, 95, 102
ヘルムホルツ方程式　126

索　引

変曲点　38
変数変換の公式　150
偏導関数　122
偏微分　122, 124, 132
　　——係数　122
　　——方程式　125
法線　130
　　——ベクトル　130, 134
母関数　68

ま　行

マクローリン級数　64
ミンコフスキーの不等式　6
無理数　1
面積　98

や　行

ヤングの不等式　5, 40
有理数　1
要素　1

ら　行

ライプニッツ級数　23, 67
ライプニッツの公式　60, 61
ラグランジュの未定乗数法　136
ラゲル多項式　62
ラプラス演算子 (ラプラシアン)　125
ラプラス方程式　126
リーマン積分　18
リーマンゼータ関数　70
ロピタルの定理　27, 76

著者略歴

吉 野 邦 生
よし の くに お

1980年　上智大学理工学部数学科数学専攻博士課程満期退学
現　在　東京都市大学知識工学部自然科学科教授，理学博士（上智大学）

主要著書

数の世界とフラクタル
（共著，海文堂，1992）

ディジタル信号と超関数
（共著，海文堂，1995）

工科系学生のための 微分方程式講義
（共著，培風館，2013）

Ⓒ　吉野邦生　2014

2014 年 5 月 30 日　初 版 発 行

工科系学生のための
微 積 分 学

著　者　吉野邦生
発行者　山本　格

発行所　株式会社　培風館
東京都千代田区九段南4-3-12・郵便番号102-8260
電話(03)3262-5256(代表)・振替 00140-7-44725

D.T.P. アベリー・平文社・牧 製本

PRINTED IN JAPAN

ISBN 978-4-563-00476-7　C3041